EICHBORNS TASCHEN-UNI

DINOSAURIER
UND
FRÜHGESCHICHTE

Eichborn

Die englische Originalausgabe erschien unter dem Titel
Dinosaurs and prehistoric life bei HarperCollins Publishers Ltd.
Autorin: Beverly Halstead
Übersetzung: Ursula Pesch
Illustrationen: Jenny Halstead
Herausgeber der deutschen Ausgabe: Hermann Rotermund

Die Deutsche Bibliothek – CIP-Einheitsaufnahme

Halstead, Beverly:
Dinosaurier und Frühgeschichte / Beverly Halstead. Ill. von Jenny
Halstead. Aus dem Engl. von Ursula Pesch. – Frankfurt am Main :
Eichborn, 1994
 (Eichborns Taschen-Uni)
 ISBN 3-8218-0606-0
NE: Halstead, Jenny [Ill.]

© HarperCollins Publishers Ltd.
© Vito von Eichborn GmbH und Co. Verlag KG,
Frankfurt am Main, Januar 1994
Umschlaggestaltung: Rüdiger Morgenweck
Satz: TechnoScript, Bremen
Druck und Bindung: Amadeus S.p.A., Rom
ISBN 3-8218-0606-0
Verlagsverzeichnis schickt gern:
Eichborn Verlag, Kaiserstraße 66, 60329 Frankfurt

Inhalt

Einleitung 4

Die Entstehung von Fossilien 6

Der Ursprung des Lebens 17

Das Präkambrium 22

Das Paläozoikum 34

Das Mesozoikum: Die Triaszeit 74

Das Mesozoikum: Die Jurazeit 92

Das Mesozoikum: Die Kreidezeit 124

Das Tertiär 168

Das Quartär: Die Eiszeitalter 214

Register 234

Einleitung

Dinosaurier beherrschten die Erde über 140 Millionen Jahre. Dieser Zeitraum ist nahezu dreißigmal länger als die gesamte Menschheitsgeschichte. Der moderne Mensch existiert erst seit 200 000 Jahren. Folglich lebten die Dinosaurier 700mal oder, von den ersten Zivilisationen der Menschen an gerechnet, 14 000mal so lange.

Unsere Kenntnisse über diese riesigen Erdenbewohner vergangener Zeiten beruhen auf versteinerten Knochen und Zähnen. Die ersten Naturforscher standen vor diesen steinigen, oft in harten Fels eingebetteten Formen wie vor einem Rätsel. Manche von ihnen glaubten, es seien Meteoriten oder Edelsteine, obwohl der dänische Wissenschaftler Niels Stensen 1666 die Ähnlichkeit einiger dieser Funde mit Haifischzähnen feststellte und daraus schloß, daß es sich um versteinerte Zähne handele. Eine Zeitlang meinte man, diese Formen gehörten in der Sintflut umgekommenen Kreaturen, aber nach und nach verstanden die Wissenschaftler, daß Fossilien in vielen verschiedenen über lange Zeiträume hinweg entstandenen Gesteinsschichten konserviert waren.

Vor etwa anderthalb Jahrhunderten erkannten Forscher, daß die Erde einst von riesigen auf dem Land, in den Lüften und im Wasser lebenden Reptilien bewohnt war. Der britische Paläontologe Richard Owen versuchte, Tiere anhand der versteinerten Reste zu rekon-

Mamenchisaurus
(siehe Seite 102)

struieren. 1841 gab er den gewaltigen pflanzen- und fleischfressenden Reptilien den Namen Dinosauria.

Während der vergangenen 200 Jahre wurden Millionen von Fossilien gesammelt. Anhand wissenschaftlicher Untersuchungen stellte man das allgemeine Evolutionsmuster des Lebens auf der Erde fest. Wir wissen nun, daß sich die Platten der Erdkruste ständig bewegen und durch ihre Kollision Gebirge entstehen. Vor 250 Millionen Jahren verschmolzen die Kontinente zu einem einzigen Superkontinent, Pangäa, trennten sich dann wieder und bildeten die heutigen Kontinente. Doch die Eiszeitalter veränderten Klimata und Meeresspiegel. Ein im Norden gefundenes Fossil mag einst in einem tropischen Meer gelegen haben.

Die Entstehung des Lebens auf unserem Planeten reicht beinahe 4 Milliarden Jahre zurück. Mehr als die Hälfte dieser Zeit war die Erde nur von Bakterien bewohnt. Vor etwa anderthalb Millionen Jahren entwickelten sich komplexere Organismen bis hin zu den Dinosauriern und schließlich den Menschen. Dieses Buch beschreibt die gesamte Geschichte von den Anfängen des Lebens bis zur Geburt der Zivilisation, die nur 10 000 Jahre zurückliegt.

Die Entstehung von Fossilien

Das Wort Fossil bezeichnete ursprünglich alles, was ausgegraben wurde (lat. *fossere* = graben), heute jedoch die konservierten Reste vergangenen Lebens. Um ausgegraben zu werden, mußte ein Lebewesen erst einmal begraben bzw. von der Außenwelt abgeschlossen werden. Das geschah folgendermaßen:

Die Bildung von Sedimentgestein

Die Gesteine, die den Boden bilden, verwittern durch Wind, Regen und Wurzeltätigkeiten und zerbröckeln allmählich. Der Regen wäscht bestimmte Minerale aus. Dies ist die erste Stufe der Erosion (lat. *rodere* = nagen) der Landoberfläche. Ströme und Flüsse transportieren das Geröll in Richtung Meer. Größere Gesteinsbrok-

ken, Sandkörner, Lehmpartikel und gelöste Minerale werden mitgerissen. Tiere, die in den Fluß fallen, treiben ebenfalls flußabwärts.

Wenn der Fluß das Meer erreicht, kann er die Minerallast nicht länger tragen und läßt sie als Sedimente (lat. *sedere* = sich setzen oder niederlassen) fallen. Kies und Sand sinken durch die verringerte Strömung auf den Meeresgrund. Lehmpartikel lassen sich nach dem Kontakt mit Salz dort nieder. Gelöste Minerale werden von Tieren und Pflanzen zum Aufbau der Skelette aufgenommen, die sich später am Meeresgrund anhäufen. Sedimentablagerungen bedecken die Reste von Tieren, wodurch diese als künftige Fossilien erhalten bleiben können. Der Prozeß von Erosion, Transport und Ablagerung kann Monate oder Jahre dauern, und die sich anhäufenden Sedimente können Millionen von Jahren ungestört lagern.

Die Bildung von Fossilien

Sterben Tiere oder Pflanzen, so werden sie von Insekten und Würmern gefressen, schließlich von Pilzen und Bakterien völlig zerstört und ihre chemischen Bausteine weiterverwertet. Landtiere haben nur eine geringe Chance, in Sedimenten konserviert zu werden. Das Land ist der Ursprung vieler Sedimente, nicht ihr Ablagerungsort. Es gibt Ausnahmen: In Flüsse fallende Tiere können beispielsweise in Flußsedimenten erhalten werden. Tiere werden von Sandstürmen verschlungen oder in Höhlen eingeschlossen. Gelegentlich begünstigen besondere Bedingungen die Fossilienbildung: Fällt eine Fledermaus z.B. in einen See und ertrinkt, saugt sie sich voll Wasser und sinkt auf den Grund. Werden Schlamm und Sand in den See transportiert, bedecken sie den Körper, und das Skelett wird erhalten.

Manchmal werden die Knochen oder sogar Weichteile von Tieren und Pflanzen aufgelöst und durch andere Minerale ersetzt, die ein dauerhaftes Abbild formen.

Wenn geschickte Paläontologen ein hohles Fossil finden, können sie es mit Gummi oder Plastik füllen und so eine Nachbildung schaffen.

Die Schalen der Tiere, die den Küstensand und den Schlamm bevölkern, bestehen aus Kalziumkarbonat. Da sie schon in Sedimenten begraben sind, werden sie unweigerlich zu Fossilien. Die reichsten Ablagerungen gibt es dort, wo Stürme die Schalen zu großen Bänken aufgespült haben. Von der Küste entfernt regneten die Schalen der Mikroorganismen ständig auf den Meeresgrund; nur dort sind vollständige Abdrücke erhalten.

Das Finden und Konservieren von Fossilien

Das Alter von Gesteinen kann erst bestimmt werden, wenn Erdbewegungen die Sedimente angehoben haben, trockenes Land entstanden ist und die verschiedenen Gesteinsschichten durch Erosion freigelegt worden sind.

Der nächste Schritt hängt vom Zufall ab. Zuweilen finden Bergarbeiter Fossilien, während sie Kohle oder Gestein spalten. Oder sie werden durch Verwitterung freigelegt und entdeckt, bevor Wind und Regen sie völlig zerstören. Bestimmte Gesteinsschichten sind für ihre Fossilien berühmt und werden sorgfältig durchsucht. Zum Teil bestehen sie ganz und gar aus Tausenden von mikroskopisch kleinen Fossilien.

Wenn Dinosaurier oder andere Fossilien entdeckt werden, legt man ihre Knochen sorgfältig frei und umhüllt sie mit Schutzschichten. Dann werden sie mitsamt den sie umgebenden Sedimenten in ein Labor gebracht. Zur Freilegung ihrer Einzelteile verwendet man Schleifmittel, Zahn- und Schlagbohrer sowie schwache Säuren. Nach sorgfältigem Studium können Gruppen von Knochen, aus denen ein Tier bestand, präpariert und die Tiere in ihrer typischen Haltung in einem Museum ausgestellt werden.

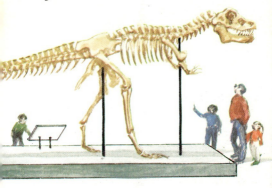

Geologische Zeitrechnung
Die Geschichte der Fossilien ist in geologische Perioden aufgeteilt, oft nach den Orten benannt, an denen sie zuerst entdeckt wurden: Devon nach Devonshire in England, Perm nach Perm in Rußland und Jura nach dem französischen Juragebirge. Da sich jüngere Sedimente immer über den älteren ablagern, kann man das Alter von

ZEITDIAGRAMM

Beginn der Zeitalter vor Millionen Jahren

Känozoikum	Quartär	Holozän	,01
		Pleistozän	1,6
	Tertiär	Pliozän	5,3
		Miozän	23
		Oligozän	27
		Eozän	53
		Paläozän	65
Mesozoikum	Kreide		135
	Jura		205
	Trias		250
Paläozoikum	Perm		300
	Karbon		355
	Devon		410
	Silur		438
	Ordovizium		510
	Kambrium		570
Präkambrium			4500

Gesteinen durch Messen des Verfalls radioaktiver Substanzen wie des Urans bestimmen, welches sich in Millionen Jahren in eine Bleiart verwandelt. Anhand der relativen Menge dieser verbleibenden Elemente kann man für alle Perioden radiometrische Daten in Jahren angeben.

Folgende Daten zeigen das erste Auftreten verschiedener Organismen (vor Millionen Jahren), das Diagramm *rechts* den vergleichenden Zeitmaßstab.

1 Bakterien -3,8 Millionen Jahre
2 Blaugrüne Algen oder Cyanobakterien -2,9, erste Organismen, die die Sonnenenergie nutzten
3 Eukaryoten -1,45, erste Tier- und Pflanzenzellen mit einem Kern

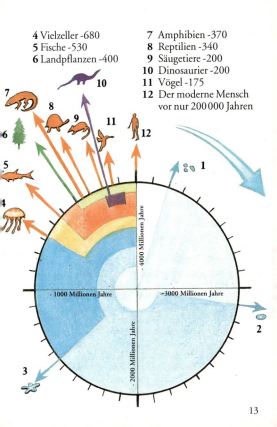

Klassifikation

Durch das Studium von Fossilien haben wir viele Informationen über die Evolution von Lebensformen gewonnen. Das hilft uns, die Beziehungen zwischen lebenden Organismen zu erklären und sie in ein System von hierarchisch angeordneten Gruppen einzuordnen, die jeweils Gruppen der nächsttieferen Ebene einschließen (*Diagramm rechts*). Diese Klassifikationsmethode wurde von Carl Linné (1707-1778) in seinem Werk *Systema Naturae* dargestellt.

Alle lebenden Organismen werden in eines der zwei Reiche, das Pflanzen- oder das Tierreich, eingeordnet.

Innerhalb eines Reiches gibt es unterschiedliche Stämme, wie z.B. die Echinodermen (Stachelhäuter wie Seesterne und ihre Verwandten), die Arthropoden (Gliederfüßer wie die Krebse), die Mollusken (Weichtiere wie Schnecken und ihre Verwandten) und die Chordaten (Seescheiden, der Mensch und andere Wirbeltiere).

Die Stämme werden in Klassen unterteilt, z.B. Fische, Lurche, Kriechtiere, Vögel und Säugetiere. Bei den Säugetieren gibt es ungefähr 20 Ordnungen, wie die Raubtiere, die Paarhufer und die Primaten, zu denen der Lemur, der Affe und die Familie ›Mensch‹ gehören.

Familien schließen Gattungen mit ein, die immer kursiv geschrieben werden, wie *Homo* (Mensch). Innerhalb einer Gattung kann es mehrere Arten oder, wie beim modernen Menschen, dem *Homo sapiens,* nur eine Art geben.

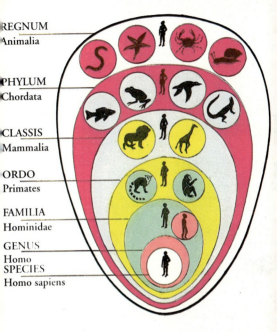

Die Möglichkeit, alle lebenden Organismen in ein System von Gruppen/Untergruppen einzuordnen, ist ein Beweis für die Evolution, da die Anordnung nur Sinn macht, wenn sie das Ergebnis der Abstammung verschiedener Arten von gemeinsamen Vorfahren ist.

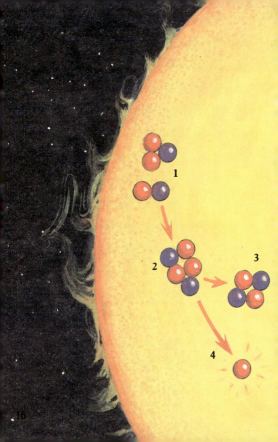

Der Ursprung des Lebens

Das Universum besteht größtenteils aus dem Leichtgas Wasserstoff im leeren Raum. Wenn eine Wasserstoffwolke (1) genug Volumen hat, wird die Anziehungskraft, die ihre Partikel aufeinander ausüben, so groß, daß die Moleküle verschmelzen (2) und das schwerere Element Helium (3) bilden. Helium ist leichter als die Wasserstoffmenge, aus der es entsteht. Die Differenz wird in Energie (4) umgewandelt. Jede Sekunde werden etwa 600 000 Tonnen Wasserstoff der Sonne zu Helium geschmolzen. Die freigesetzte Energie überflutet die Erde.

Im Innersten der Sonne löst ein enormer Druck weitere Verschmelzungen aus, die zur Bildung immer schwererer Elemente führen, von Sauerstoff über Eisen, Stickstoff, Schwefel, Kohlenstoff und Silizium bis hin zum schwersten, dem Uran.

Die Planeten, die die Sonne umkreisen, bestehen aus Sauerstoff, Eisen, Nickel, Kohlenstoff, Silizium und Wasserstoff. Diese Elemente gehen eine Reihe einfacher Verbindungen ein, wie z.B. Wasser, Methan, Siliziumdioxid und Kohlendioxid. Die Planeten sind Trümmer aus dem Inneren eines erloschenen Sterns - eines lange verlorenen Gefährten der Sonne.

Die Zerstörung einer Sonne schuf den Raum für das Leben, und eine noch lebende Sonne stellt die lebenserhaltende Energie bereit, doch nicht auf allen Planeten ist Leben möglich. Um jeden Stern herum gibt es eine

Saturn   **Jupiter**

Zone, die Ökosphäre, in der Leben möglich sein könnte. Sie hat eine Temperatur, bei der Wasser in seiner Flüssigphase existieren kann, eine Grundvoraussetzung für alle Lebensprozesse. Ferner muß es einen festen, ausreichend großen Körper mit der nötigen Schwerkraft geben, um Wasser in seinem Flüssigzustand zu bewahren und Gase wie das Kohlendioxid festzuhalten.

Merkur ist zu klein und liegt zu nah an der Sonne. Venus, Erde und Mars befinden sich innerhalb der Ökosphäre. Der über ihnen liegende Gürtel von Asteroiden enthält felsige Klumpen, die aber zu klein sind, um Atmosphäre halten zu können. Die äußeren Planeten wie Jupiter und Saturn setzen sich aus Gasen zusammen und können kein uns bekanntes Leben unterhalten.

Die Oberfläche der Venus hat eine Temperatur von etwa 750°C, mit Wolken von circa 475°C. Ihre Atmosphäre besteht aus Wasserdampf, Kohlen- und Schwefeldioxid. In einigen dieser Wolken scheinen während der Flüssigphase Reaktionen abzulaufen, und vielleicht könnten Schwefelbakterien, die auch in heißen Quellen

Asteroide   **Ökosphäre**   **Merkur**   **Sonne**

auf der Erde leben (*siehe S.22*), in ihnen existieren. Ein Besäen der Venuswolken könnte deshalb die Zusammensetzung der Atmosphäre verändern und den Planeten für entwickeltere Lebewesen bewohnbar machen.

Mars hat eine dünne Kohlendioxidatmosphäre, aber sein Wasser ist gefroren. Einst gab es hier jedoch fließendes Wasser, so daß Leben existieren konnte, und mit Hilfe entsprechender Technologie könnte der Planet in Zukunft sogar Leben erhalten.

Nur die Erde bietet die richtigen Voraussetzungen, um Wasser flüssig zu halten und Kohlendioxid zu binden, obwohl sich die Zusammensetzung der Atmosphä-

Mars   Erde   Venus

re verändert hat. Sie besteht jetzt aus Sauerstoff und Stickstoff mit nur einem geringen Anteil Kohlendioxid.

Die Bausteine des Lebens
Die ursprüngliche Atmosphäre des Planeten Erde bestand wie die Gase, die aus Vulkanen kommen, hauptsächlich aus Wasser (**1**) und Kohlenstoff sowie Kohlendioxid (**2**) mit anderen einfachen Verbindungen wie Methan (**3**) und Ammoniak (**4**). Ultraviolette Strahlung der Sonne sowie elektrische Stürme in den Gaswolken führten zur Bildung einfacher Aminosäuren wie dem Glycin (**5**). Aminosäuren sind die Bausteine der Proteine, welche die Grundstruktur aller lebenden Organismen ist.

In trockener Hitze wie der auf den Kühlflächen geschmolzener Lava können Aminosäuren zusammenschmelzen und einfache Proteine bilden. Wenn Wasserdampf in den Wolken vulkanischer Gase kondensiert, fällt Regen und kühlt die heißen Felsen. Die primitiven Proteine bilden winzige Globuli, die eine einfache Membran haben. Innerhalb dieser Globuli können einfache chemische Prozesse stattfinden. Hier scheint der Ursprung des Lebens zu liegen. Die Essenz des Lebens besteht jedoch darin, daß solche Strukturen in der Lage sein müssen, chemische Prozesse auszulösen, ohne sich selbst wesentlich zu verändern. Man weiß noch nicht, wie dies im einzelnen vor sich ging, aber die chemischen Aktivitäten innerhalb der Globuli weisen darauf hin, wie das Leben angefangen haben mag.

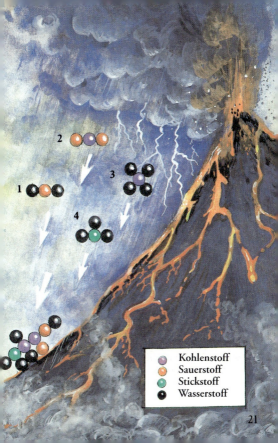

Das Präkambrium
(vor 4500–570 Millionen Jahren)

Das erste Leben

Die ersten Lebenszeichen auf der Erde sind Funde winzigster Kügelchen in 3,8 Milliarden Jahre altem Gestein. Diese primitivsten aller Bakterien (**1**) erhielten ihre Lebensenergie durch den Abbau von Molekülen wie z.B. Schwefelverbindungen, verbunden mit vulkanischer Aktivität auf dem Meeresgrund (**2**). Vor etwa 3 Milliarden Jahren gelang es ihnen dann, ihre Energie direkt aus dem Sonnenlicht zu beziehen (**3**) und, wie heute die Bodenbakterien, Stickstoff zu speichern.

Eine wichtige Stufe in der Geschichte des Lebens war das Auftreten von Cyanobakterien (cyan = blau) oder

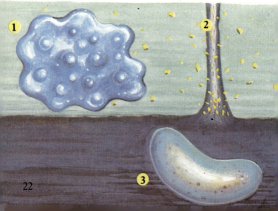

blaugrünen Algen (**4**), die auf dem Meeresgrund Matten oder kohlähnliche Hügel bildeten, wie man sie vor den Küsten Australiens sieht (**5**). Sie benutzten die Sonnenenergie, um Wasser und Kohlendioxid zu Kohlenhydraten zu verbinden. Dieser Prozeß, genannt Photosynthese, gibt Sauerstoff als Abfallprodukt ab. Ein Teil des Sauerstoffs verbindet sich mit Eisen und wird auf dem Meeresgrund als Eisensteinformation abgelagert. Diese ›Verrostung der Ozeane‹ fand vor 2,5-1,75 Milliarden Jahren statt. Die Algenmatten enthielten auch Schichten von feinem Schlamm und Kalziumkarbonat, so daß sich Kalksteinschichten, bekannt als Stromatolithen, bildeten. Hatte sich das Eisen abgelagert, so sammelte sich freier Sauerstoff in den Meeren an, der auch in die Atmosphäre entwich und dort eine Ozonschicht als Schutz gegen die ultraviolette Strahlung der Sonne bildete.

Bakterien aller Art

2 Milliarden Jahre lang waren Bakterien die einzigen Lebewesen auf der Erde. Die frühesten waren die hitzeresistenten Bakterien (**1**), die man heutzutage in Schwefelquellen findet. Es folgten die nitrifizierenden Bakterien (**2**), die im Erdboden leben, und die Spirochäten (**3**), die in der Lage sind, sich zu bewegen, und deren innere Struktur 9 Tubulipaare aufweist, die ringförmig um ein inneres Paar angeordnet sind. Die höchstentwickelten waren die Cyanobakterien (**4**), die freien Sauerstoff produzieren.

Die meisten primitiven Bakterien können nur in einer Umgebung ohne Sauerstoff gedeihen, denn für sie ist er gefährliches Gift. Der große Fortschritt in der Evolution dieser Mikroorganismen fand statt, als sie Sauerstoff verwenden konnten, um komplexe Verbindungen für die Gewinnung von Energie zu verbrennen.

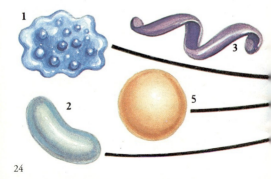

Einzellige Pflanzen und Tiere

Vor ungefähr anderthalb Milliarden Jahren änderte sich die Größe der Mikroorganismen gewaltig. Das kennzeichnete eine weitere entscheidende Stufe in der Evolution des Lebens. Verschiedene Arten von Bakterien vereinigten sich mit einem Kernbakterium (**5**) zu den ersten einzelligen Tieren (**6**), die Sauerstoff nutzen konnten. Als diese Tiere die zur Photosynthese fähigen Cyanobakterien aufnahmen, entwickelten sich die ersten einzelligen Pflanzen (**7**), die Sonnenlicht nutzen konnten, um Nahrung aufzubauen, und Sauerstoff, um Nahrung zu verwerten.

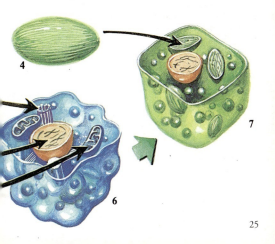

Die einfache Tier- und Pflanzenzelle ist das Ergebnis der Vereinigung mehrerer unterschiedlicher Organismen, die sich innerhalb der Zelle in ein Kleinstorgan (Organelle) verwandelten.

Die lebende Zelle
Alle Tier- und Pflanzenzellen haben die gleiche innere Grundstruktur. Das genetische Material Desoxyribonucleinsäure (DNS), durch welches die Charakteristika der Lebensformen weitervererbt werden, ist im Zellkern (**1**) angesiedelt. In der Zelle befinden sich außerdem eine Reihe von Miniaturorganen oder Organellen.

Eine der wichtigsten ist das Mitochondrium (**2**), das die Energie der Zelle reguliert. Es scheint von einem Bodenbakterium abzustammen und hat wie die für die Photosynthese in Pflanzenzellen verantwortlichen Organellen, die Chloroplasten, seine eigene DNS. Andere Zellteile, die alle aus den Spirochäten hervorgingen, sind die die Zellteilung organisierenden Centriolen (**3**) sowie die Geißeln (**4**) und Cilien (**5**), die Zellen zu aktiver Bewegung befähigen.

Die innere Struktur der Organellen ist bei allen Bakterienarten gleich. Das bedeutet, daß die ursprüngliche Tier- und Pflanzenzelle das Ergebnis einer Vereinigung dieser verschiedenen Organismen zu einem gemeinschaftlichen Ganzen ist. Fossile Funde weisen darauf hin, daß diese Vereinigung vor 1,5 Milliarden Jahren stattfand. Dieser wichtige Fortschritt in der Evolution wurde also nicht durch Konkurrenz, sondern durch Zusammenarbeit erreicht.

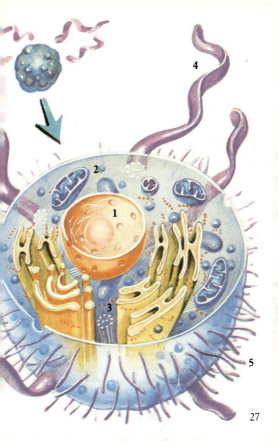

Der Ursprung des Geschlechts

Die Beschleunigung der Evolution des Lebens auf der Erde ist allein der Erfindung verschiedener Geschlechter zu verdanken, d.h. der Möglichkeit, die Erbmassen zweier Individuen so zu mischen, daß sich die Abkömmlinge von ihren Eltern unterscheiden. In jeder Tier- und Pflanzenzelle ist die DNS in Chromosomenpaaren (**1**) im Kern angeordnet. Die Chromosomen tragen die Gene, die individuelle Merkmale festlegen.

Die Chromosomen werden aus dem Kern freigesetzt und auf den von den Centriolen (**2**) gebildeten Spindeln angeordnet. Dann teilen sich die Zellen (**3**) in Geschlechtszellen (**4**) mit nur einem Chromosomensatz. Zellen mit einem reichen Eiweißvorrat heißen Eier; die kleineren, aber äußerst mobilen sind Spermien. Vereinigen sich die Geschlechtszellen (**5**), so ist der paarige Zustand wiederhergestellt (**6**). Dieser Prozeß erhöht die Verschiedenartigkeit der Individuen. Besser an die Umgebung angepaßte haben eine größere Überlebenschance. Die natürliche Selektion dieser Individuen ist der Hauptprozeß der Evolution.

Der Ursprung der sexuellen Reproduktion scheint mit der Vereinigung primitiver Organismen verbunden zu sein. Das genetische Material zweier Individuen wurde kombiniert, so daß der vereinte Organismus zwei Chromosomensätze hatte. Bei erneuter Teilung entstanden dann Organismen mit nur einem Chromosomensatz. Im Laufe der Evolution setzten sich jedoch Lebewesen mit doppeltem Chromosomensatz durch.

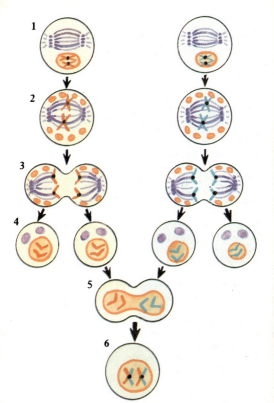

29

Die ersten vielzelligen Tiere

Der nächste große Fortschritt in der Geschichte des Lebens war die Entwicklung von vielzelligen Organismen, deren unterschiedliche Zellarten für bestimmte Aufgaben spezialisiert waren.

Vor rund 750 Millionen Jahren gab es große Tiere mit weichen Körpern, deren Fossilien als Abdrücke in Flutsand erhalten sind und anhand ihrer symmetrisch gewellten Oberfläche identifiziert wurden. Diese in präkambrischen Gesteinen in England, Wales, Namibia, Sibirien und Australien entdeckten Ediacara-Tiere verdanken ihren Namen dem australischen Ediacara-Gebirge. Viele von ihnen sind kreisförmig und waren wohl Formen von Quallen (**1**), die in den Meeren trieben und mit ihren Fangarmen winzige Organismen fingen. Auf dem Meeresgrund lebten farnwedelartige Seefedern, die

Charnia (**2**) und *Xenusion,* Verwandte der Korallen. Auch sie ernährten sich von Mikroorganismen. Eingegraben in den Sand waren Würmer (**4**), die winzige Nahrungspartikel aus dem Wasser filterten.

Es gab flache, segmentiert aussehende Tiere, die vielleicht eine Art Wurm (**5**) waren, der am Grund entlangkroch und sich von Algenmatten ernährte. *Spriggina* (**3**) war zwar flach und segmentiert, hatte aber einen klar erkennbaren Kopf. Vielleicht war es ein schwimmendes Tier, das mit den Arthropoden (Krebstieren) oder den Chelicerata (Fühlerlosen) verwandt war.

Die ediacarischen Tiere waren keine aktiven Fleischfresser; sie ernährten sich von Mikroorganismen. Auch wenn es keine direkte Verbindung zu bekannten lebenden Tieren gibt, repräsentieren sie doch eine wichtige Stufe in der Geschichte des Lebens.

Hydrothermale Schlote
Das meiste Leben auf der Erde ist von der Sonnenenergie abhängig, doch wo immer Energie existiert, kann sich auch Leben entwickeln. Vulkanische Hitze und Gase innerhalb der Erde sind Energiequellen, die von der Sonne völlig unabhängig sind.

Auf allen Meeresböden gibt es Risse in der Kruste, hydrothermale Schlote, durch die heiße Gase in das kalte Wasser der tiefen Abgründe strömen. Ihre Temperatur beträgt 300°C, kühlt aber bei Eintreffen in das 4°C kalte Wasser rapide ab. Dadurch entstehen Schwefelverbindungen und Erze, die auf dem Meeresboden mehrere Meter hohe ›Schornsteine‹ bilden. In ihrer nächsten Umgebung gedeihen Bakterien, deren Energiequelle Schwefelverbindungen sind.

Die Bakterien bilden die Basis einer komplexen Nahrungskette, die auf die Zone der hydrothermalen Schlote begrenzt ist. Heute findet man hier riesige Röhrenwürmer (1), bakterienfilternde Venusmuscheln (2), grasende Würmer (3), kleine Krabben (4) und Tintenfische, die sich von Krabben und anderen Weichtieren ernähren. Alle im Bereich hydrothermaler Schlote lebenden Tierarten sind für die Wissenschaft neu, können aber lebenden Gruppen zugeordnet werden. Ihre Bedeutung liegt in der Tatsache, daß sie ein völlig unabhängiges Ökosystem auf der Erde repräsentieren. Theoretisch ist es also möglich, daß sich immer dort Leben entwickelt, wo die Grundvoraussetzungen dazu gegeben sind: eine Energiequelle und die physikalischen Bedingungen, unter denen Wasser in flüssiger Form existieren kann.

Das Paläozoikum
(vor 570-250 Millionen Jahren)

Fossile Funde legen nahe, daß zu Beginn des Kambriums vor 570 Millionen Jahren plötzlich alle möglichen Arten von tierischem Leben auftraten. Tatsächlich jedoch bildeten damals viele Gruppen von Organismen Skelette aus Kaliumsalzen, die in großer Zahl in Gesteinen erhalten sind. So entstand der irreführende Eindruck einer gewaltigen Explosion von Leben auf der Erde.

Sibirische Knollen

Die ersten Anzeichen von Skeletten sind winzige knollenähnliche Formen, die in sibirischen Gesteinen des Präkambriums und Kambriums entdeckt wurden. Man kennt sie nun aus der Türkei, Spanien, Grönland, Spitzbergen, Kirgisien und Estland. Diese Knollen bestehen aus Kalziumphosphat, dem Mineral der Knochen und Zähne. Sie scheinen in die Haut eingebettet gewesen zu sein und sind an der Oberfläche mit winzigen vorspringenden Knötchen verziert.

Die kreisförmigen Knollen mit winzigen Knötchen heißen *Lenargyrion knappologicum* (1,2), was kleine Münze aus dem Fluß Lena in Sibirien bedeutet. Die Formen mit den großen Knoten werden *Hadimopanella* (3,5) und die ovalen Knollen *Kaimenella* (4) genannt. Möglicherweise handelt es sich bei diesen Knollen um Reste der ersten Wirbeltiere, aber mit Sicherheit lassen sie sich keiner bestimmten Tierart zuordnen.

Die Entstehung von Skeletten

In die Zellen und das Gewebe im Meer lebender Organismen dringen gewisse Substanzen wie Salz und Kalzium (**1**) ein, die wieder ausgeschieden werden müssen. Die für den Energieaustausch zuständige Organelle, das Mitochondrium (**2**), nimmt Kalzium und Phosphat auf und gibt beides als Kalziumphosphat wieder ab. Dieses Mineral kann entweder innerhalb von Zellen (**3**) abgelagert oder wie bei Einzellern (**4**) und Wirbeltieren außerhalb der Zellen in das innere Skelett, bei Arthropoden in das äußere Skelett, eingelagert werden.

Ein Skelett entsteht gewöhnlich dadurch, daß Mineralkristalle auf das Faserprotein Kollagen, das wichtigste strukturbildende Eiweiß im Tierreich, abgelagert werden. Kollagen kann sich nur dann bilden, wenn genügend freier Sauerstoff vorhanden ist. Die Fähigkeit der Mitochondrien, Kalzium zu konzentrieren, die Bildung

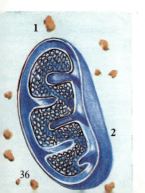
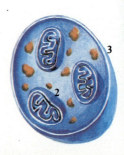

von Kollagen sowie der Überschuß an Kalzium im Meereswasser führten zur Erschaffung von Skeletten.

Der Burgess-Schiefer
Bei den fossilen Funden herrschen vor allem Tiere und Pflanzen mit mineralisierten harten Teilen vor, in Ausnahmefällen sind jedoch auch Tiere mit weichen Körpern erhalten. Das berühmteste Beispiel dafür findet sich in Britisch-Kolumbien, Kanada. Es ist der Burgess-Schiefer aus dem Kambrium (vor 570-510 Millionen Jahren). Dieses Gestein wurde aus sehr feinem Schlamm gebildet, der sich auf den Vorsprüngen eines riesigen, unter Wasser befindlichen Kalksteinfelsens ansammelte. Ab und zu rutschte ein dünnflüssiger Schlammbrei von einem Vorsprung hinunter und landete am Fuß des Abhangs, alle Tiere mit sich reißend. Diese wurden schließlich von nachrutschendem Schlamm erdrückt, und da

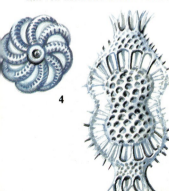

4

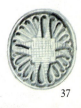

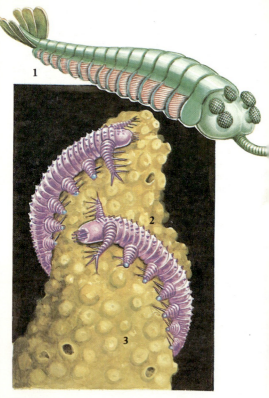

das Wasser so tief war, gab es keine anderen Tiere, die ihre Reste zerstören konnten. Die größte Tiergruppe waren die Arthropoden, die 43 Prozent der bekannten Spezies darstellten. Zu ihnen gehörten Krebstiere wie die Kiemenfußkrebse.

Die unzähligen Fossilien im Burgess-Schiefer sind im Detail erhalten – selbst die zarten Kiemenblättchen blieben als ein dünner Film von Kalzium-Aluminosilikat intakt. Es gab solch bizarre Formen wie die *Opabinia* (1), mit 5 Facettenaugen, die auf Stielen auf dem Kopf saßen, und einem langen Rüssel mit Greifern zum Fangen von Beute, die dann zum Mund geführt werden konnte.

Einige der weichkörprigen Fossilien des Burgess-Schiefers sind nachweislich mit lebenden Tieren verwandt. Das wurmgleiche Fossil *Aysheaia* (2) hatte eine Reihe von Körpersegmenten, die alle mit einem Paar dicker Beine mit scharfen Stacheln ausgestattet waren. Man weiß, daß es Schwämme fraß (3), denn in seinem Magen wurden Überreste von Schwammskeletten in Form winziger Kieselnadeln gefunden.

Aysheaia ist mit dem lebenden *Peripatus* verwandt, der unter der Rinde tropischer Bäume wohnt und wie eine samtfellige Raupe aussieht. Man nimmt an, daß der Peripatus eine Zwischenform zwischen den segmentierten Würmern und den gliederfüßigen Arthropoden ist.

Wie sich ein schwammfressendes, wurmartiges, auf dem Meeresgrund lebendes Tier zu einem Raubtier der tropischen Wälder entwickelte, wissen wir nicht, aber einige Rätsel des Burgess-Schiefers sind gelöst. So weiß man heute, daß das kreisförmige Fossil *Peytoia*, das man

für eine Qualle hielt, in Wirklichkeit die Kiefer eines riesigen Arthropoden waren!

Die Herkunft der Wirbeltiere

Die ersten bekannten Reste von Wirbeltieren stammen aus dem Obersten Kambrium von Wyoming. Es sind nur Schuppen und Teilchen von Panzern, aber aus dem Ordovizium (vor 510-438 Millionen Jahren) Australiens, Nord- und Südamerikas sind schlammgrabende, kieferlose Fische bekannt.

Die Ahnen der Wirbeltiere waren ungepanzerte und, wie *Pikaia* aus dem Burgess-Schiefer belegt, freischwimmende, fischartige Tiere, die sich von Mikroorganismen im Wasser ernährten.

Die Abstammung dieses Tieres leitet sich aus dem Le-

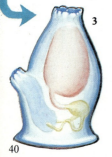

benszyklus primitiver Verwandter der Wirbeltiere ab: der Seescheiden (**1**), die am Meeresgrund leben und mit Hilfe des Pharynx (*rot*), der eine reusenartige Struktur aufweist, Nährstoffe aus dem Wasser filtern. Sie durchlaufen ein Larvenstadium (**2**) mit einem Schwimmschwanz, einem dorsalen Nervenstrang (*lila*), einem elastischen Zellstab (Chorda, *grün*) zur Stabilisierung des Schwanzes und einem perforierten Pharynx (*rot*). Diese Merkmale sind charakteristisch für alle Wirbeltiere, vielfach aber nur im Larven- oder Embryonalstadium erhalten.

Die Larven stellen das Verbreitungsstadium im Leben der Tiere dar. Sie sind aktive Schwimmer, bis sie an den Meeresgrund zurückkehren und sich dort festsetzen (**3**). Wenn die Larven ihre Geschlechtsreife (**4**) erreichen, bevor sie sich auf dem Meeresgrund festsetzen, entwickelt sich eine neue Lebensform, und die frühere Daseinsform wird mit einem Schlag ausgelöscht. Man nimmt an, daß ein solch revolutionärer Sprung die ersten Wirbeltiere hervorbrachte. Nachdem sie einen Knochenpanzer entwickelt hatten, kehrten die ersten Wirbeltiere (**5**) auf den Meeresgrund zurück und ernährten sich von den organischen Resten im Schlick.

Trilobiten

Die verbreitetsten Fossilien in paläozoischen Gesteinen sind die der Trilobiten (**1**), deren äußeres Skelett in drei Bereiche gegliedert war: Kopf, Brustkorb und Rumpf. Brustkorb und Rumpf bestanden aus mehreren Segmenten mit je zwei Gliedmaßenpaaren – einem Paar Beinen und einem Kiemenpaar. Am Kopf hatten sie gut entwickelte Facettenaugen. Um zu wachsen, mußten sich die Trilobiten regelmäßig häuten und viele Fossilien bestehen aus den Überresten dieser Häutungen.

Die kambrischen Trilobiten ernährten sich von organischen Stoffen auf dem Meeresboden, und geläufige kambrische und ordovizische Fossilien, bekannt als *Cruziana* (**2**), sind in Wirklichkeit die Fraßspuren von Trilobiten. Auch Kriechspuren und Ruheplätze der Trilobiten sind als fossile Abdrücke erhalten.

Nach dem Ordovizium (vor 510-438 Millionen Jahren) und dem Silur (vor 438-410 Millionen Jahren) entwickelten die Trilobiten viele unterschiedliche Lebensstile. Einige gruben blind in den Sedimenten, andere entwickelten riesige Augen und stachelige Auswüchse und schwammen wahrscheinlich in den Oberflächenwassern der Ozeane.

Im Karbon (vor 355-300 Millionen Jahren) gab es nur noch eine einzige Trilobitenfamilie, und am Ende des Paläozoikums (vor 250 Millionen Jahren) waren alle Trilobiten ausgestorben, und andere Arthropoden, wie Krebse, Garnelen und ihre Verwandten, scheinen ihren Platz eingenommen zu haben.

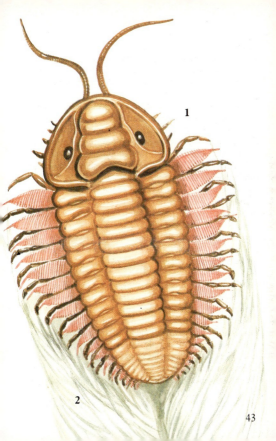

Mollusken

Die Mollusken bilden einen Hauptstamm des Tierreiches. Sie haben einen muskulösen Fuß (*braun*), einen Kopf mit Augen und Tentakeln und eine kalkige Schale (*schwarz*). Die primitivsten Weichtiere stammen aus dem frühen Kambrium, und bis 1952, als einer ihrer Vertreter lebend aus den Tiefen des Pazifik ausgegraben wurde, glaubte man, sie seien im Devon ausgestorben. ***Neopilina*** (**1**) sah eher wie eine Napfschnecke aus, hatte aber paarig angeordnete Kiemen (*rosa*) und Muskeln, was bewies, daß Weichtiere, so wie auch Würmer und Arthropoden, segmentiert waren.

Es entwickelten sich 3 verschiedene Grundtypen: Die Schnecken (**2**), die ihre Zähnchenreihen dazu benutzten, Algen abzuraspeln, wurden später zu Fleischfressern, die mit ihren Zähnen Löcher in die Schalen anderer Tiere bohrten oder sogar Gifte einspritzten. Ihr Verdauungskanal war um 180° gedreht, was aber in keinerlei Beziehung zu ihrer spiraligen Schale stand. Die Muscheln (**3**) filterten ihre Nahrung aus dem Wasser und verloren Kopf und Augen. Sie sind in Sedimenten eingegraben, bohren sich in Gesteine und Holz oder haften wie Austern an Gesteinen.

Bei den höchst entwickelten Mollusken, den Cephalopoden (**4**), war der muskuläre Fuß in mehrere Fangarme gegliedert. Ihre kegelförmige Schale enthielt Gaskammern für die Schwebefähigkeit. Sie gehören immer noch zu den erfolgreichsten der höherentwickelten Weichtiere und bilden einen wichtigen Teil des Nahrungsnetzes in den Meeren.

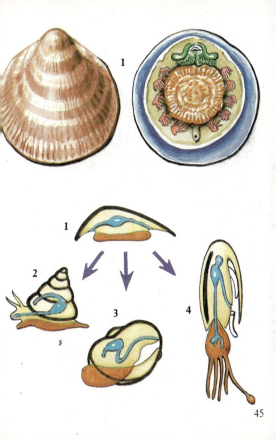

Die ersten Jäger

Die Cephalopoden waren die ersten richtigen Raubtiere der Meere. Sie entwickelten lange, kegelförmige Schalen, in deren Kammern sich Gase ansammelten. Indem sie die Gasmenge kontrollierten, konnten sie ihre Schwebefähigkeit variieren und sich im Wasser auf und ab bewegen. Um die Schalen in einer horizontalen Lage zu halten, lagerten sie Kalziumkarbonat in ihnen ab. Später hielten sie ihr Gleichgewicht durch das Einrollen ihrer Schalen.

Vom Ordovizium vor 510-438 Millionen Jahren bis zum heutigen Tag gehören die Cephalopoden zu den erfolgreichsten Bewohnern der Meere. Sie ernähren sich hauptsächlich von Arthropoden, obwohl die gemeinen Tintenfische heute andere Fische jagen, indem sie sie an die Oberfläche treiben. Einige moderne Arten wie z.B. die Krake verstecken sich in Spalten und lauern ihrer Beute auf. Tintenfische und Kuttelfische sind schnelle Jäger, und ihre Schalen liegen innerhalb ihrer Körper.

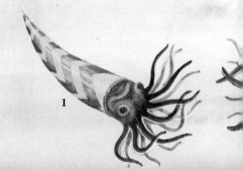

1

In 438-410 Millionen Jahre alten silurischen Gesteinen aus der Tschechoslowakei sind die Farbmuster primitiver Cephalopoden und Nautiloidea erhalten. Der lange Kegel des *Ormoceras* (2) hat gerade verlaufende Streifen, der leicht gebogene Kegel des *Rizoceras* (1) zickzackförmige. Man kennt zwar die Farben nicht genau, wohl aber das Muster.

In späteren Gesteinen fand man Kiefer, winzige Haken ihrer Arme oder Tentakel und sogar mit Tinte gefüllte Tintenbeutel. Diese seltenen Funde beweisen, daß auch diese frühen Cephalopoden so wie die heute lebenden Formen Kiefer und Tentakeln hatten.

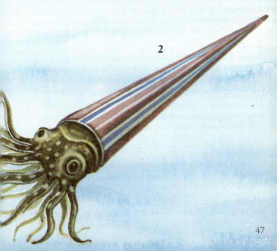

Die Nautiloidea, aus denen die Ammoniten hervorgingen, beherrschten die Meere rund 100 Millionen Jahre lang. Während sie Trilobiten und andere Arthropoden jagten, ernährten sich die meisten Tiere damals von winzigen Kreaturen, die im Wasser dahintrieben oder im Sand oder Schlamm auf dem Meeresgrund lebten. Die Trilobiten durchsiebten die Sedimente, Muscheln und andere Schalentiere filterten das Wasser.

Seelilien

Ein Tierstamm, die Echinodermen oder Stachelhäuter, zu denen Seesterne und Seeigel gehören, hatte ein inneres Skelett aus reinem Kalziumkarbonat und eine fünfstrahlige Symmetrie. Es gab damals eine viel größere Vielfalt als heute.

Eine Klasse der Echinodermen, die **Crinoidea** oder **Seelilien** (*Abbildung*), waren mit Wurzeln im Meeresboden verankert. Ihr langer Stiel, der den Körper vom Boden fernhielt, war aus zylindrischen Knöchelchen aufgebaut. Den zentralen Körper umgab ein Kranz von langen, gefiederten Armen, die die Nahrung einfingen. Diese konnten fächerförmig, der Strömung zugewandt, aufgestellt werden, um ein Maximum an Wasser zu filtern und diesem Mikroorganismen als Nahrung zu entziehen.

Eine andere Gruppe, die Haarsterne, hat ihren Stiel verloren und schwimmt in den Oberflächenwassern der Meere.

Die Crinoidea leben nun ausschließlich auf dem Grund tiefer Meere, gehören aber zu den Fossilien, die man einst am häufigsten fand.

Die Eroberung des Landes

Am Ende des Silurs vor 410 Millionen Jahren schloß sich der Iapetus-Ozean, und die Kollision von Nordamerika und Europa führte zur Bildung einer riesigen Bergkette. In dieser Zeit eroberten die Arthropoden, Würmer und Fische die Süßwasserflüsse und -ströme; aber das bedeutendste Ereignis war das Auftauchen von Pflanzenleben auf dem Land.

Pflanzen, die das Sonnenlicht nutzen, um Kohlendioxid und Wasser zu verbinden, produzieren ihre eigene Nahrung. Am Wasserrand lebende und aus dem Wasser herausragende Pflanzen bezogen Kohlendioxid aus der Luft. Dazu waren zwei Voraussetzungen nötig: eine wasserdichte äußere Schicht, die vor dem Austrocknen schützte, und eine innere Stütze, die die Pflanzen aufrecht hielt. Sie wurde von dickwandigen, wasserspeichernden Gefäßen gebildet, nach denen diese Pflanzen vaskulär (= gefäßtragend) genannt werden. Die einfachsten Typen, *Rhynia* (2), hatten weiche Stiele mit Fruchtkörpern an den Spitzen. Die entwickelteren, *Asteroxylon* (1), zeigten erste Ansätze von Blättern.

Nahe Aberdeen in Schottland wurde vor 400 Millionen Jahren durch einen Vulkanausbruch ein Torfmoor von heißen siliziumhaltigen Wassern überflutet, wodurch alles, selbst die winzigen Gefäße und die Kutikula der ersten vaskulären Pflanzen, in Silizium konserviert wurde. Erhalten sind auch primitive flügellose Insekten, die wir heute als Silberfischchen (3) und Borstenschwänze kennen, und winzige Milben. Sie waren die ersten wirklichen Landtiere.

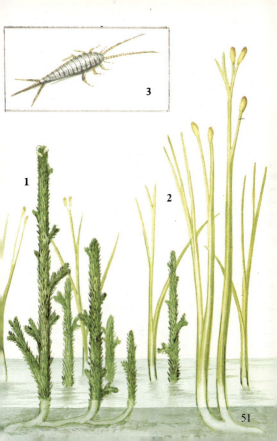

Im Devon, vor 410 bis 355 Millionen Jahren, fand eine wichtige Veränderung im Pflanzenleben statt. Bei den frühen Pflanzen wurden die männlichen und weiblichen Sporen ins Wasser abgegeben, wo sie befruchtet wurden und eine Entwicklungsphase im Wasser durchliefen. Im Devon blieben einige der großen weiblichen Sporen mit der Elternpflanze verbunden und wurden durch winzige, vom Wind übertragene männliche Mikrosporen befruchtet. Die erste so befruchtete Pflanze war eine *Archaeosperma* (**1**). Da sich auf diese Weise die ersten Samen bildeten, brauchten Pflanzen nun keine aquatische Phase mehr zu durchlaufen. Von da an konnte sich das Pflanzenleben auf dem trockenen Land ausbreiten.

Lange vor dem Ende des Devons, vor 355 Millionen Jahren, waren weite Landstriche bewaldet. Es entwickelten sich *Archaeopteris* (**5**), Vorfahre der Pinien, *Cy-*

clostigma (**4**), ein baumartiger Farn, *Lepidosigillaria* (**3**), ein riesiges Bärlappgewächs, und der Ackerschachtelhalm *Pseudobornia* (**2**). Diese gewaltigen, baumhohen Pflanzen bildeten große Wälder.

Nachdem sich das Pflanzenleben auf dem Land etabliert hatte, folgten die Tiere.

Die neu entwickelte Pflanzendecke führte zur Bildung von Erde, einer Mischung aus zerbröckeltem Gestein und vermodertem Pflanzenmaterial. Dieser Boden hielt Feuchtigkeit fest und verlangsamte die Erosion, so daß es einen fundamentalen Wandel im geologischen Erosionszyklus auf der Erde gab.

Ostracodermen - die ersten Fische

Die ersten Wirbeltiere, die Ostracordermen (= Schalenhäuter), hatten einen Knochenpanzer und einen schuppigen Schwanz. Sie waren kiefer- und zahnlos und schaufelten einfach Schlamm in ihre Münder, um ihm Nahrung zu entziehen. Am Ende des Silurs (vor 410 Millionen Jahren) drangen sie in die Süßwasserflüsse und Seen ein.

Dies ereignete sich auf drei voneinander isolierten Landmassen: dem neuen Kontinent Euroamerika, in Sibirien und China. In jeder dieser Regionen durchliefen die Ostracodermen eine eigene unabhängige Entwicklung.

Die Amphiaspiden (= beidseitiger Panzer) sind nur aus Sibirien bekannt. Ihr Knochenpanzer bedeckte die Ober- und Unterseite des Fisches. Sie hatten einen Mund, zwei Kreise als Augen und ein Paar Kiemenöffnungen zum Atmen. Beim *Hibernaspis* (2) befanden sich die Augen ganz vorn an der Spitze, und auch die Kiemenöffnungen saßen sehr weit vorn. Bei *Angaraspis* (1) und *Gabreyaspis* (3) war die erste Kieme zum Atemloch umgewandelt, einer Röhre mit einer Öffnung im Panzer nahe den Augen, so daß Wasser von oben in die Kiemen gesaugt werden konnte. Dies ist in schlammigen Regionen von großem Vorteil. Die Außenfläche des Knochenpanzers bestand aus winzigen Dentin-Fibrillen, dem Hauptbestandteil von Zähnen. Diese Fische hatten zwar keine Zähne, aber Zähne entstanden aus den Dentinknoten, die sich um die Mundränder bildeten.

In China entwickelte sich eine einzigartige Gruppe

von Ostracodermen, die Galeaspiden (= Helmpanzer), die zwischen den Augen eine ovale Öffnung hatten, welche zunächst als Mund interpretiert wurde. Später erkannte man, daß es ein Organ war, mit dem diese Tiere Chemikalien im Wasser wahrnehmen konnten.

Einige der neu entdeckten chinesischen Formen, wie *Duyunaspis* (*Abbildung gegenüber*), sind als Eisenerzklumpen erhalten. Ein knorpeliges Gewebe im inneren Kopfbereich umschloß Gehirn, Nerven und Blutgefäße. Starb das Tier, so verwesten seine Weichteile und hinterließen Hohlräume in der Knochenkapsel, durch die nun eisenhaltiges Wasser sickerte und in ihnen Eisenverbindungen ablagerte. Nach und nach löste das Wasser die Knochen auf und legte schließlich die Nachbildung der inneren Struktur der Kopfregion frei. So konnte man die Weichteile des Fisches studieren, was bei gewöhnlichen Fossilien nicht möglich ist.

In der Mittellinie sieht man das einfache Gehirn mit Schädelnerven, dahinter das Rückenmark mit Rückenmarksnerven (*gelb*). Auf beiden Seiten des Gehirns befindet sich das Gehör mit zwei Sätzen halbkreisförmiger Kanäle, den Gleichgewichtsorganen (*grün*). Der *Duyunaspis* hatte große Venen und Herzkammern, die mit venösem Blut (*blau*) gefüllt waren, sowie Arterien (*rot*), die aus dem Kiemenbereich kamen. Über den Kiemen saßen paarig angeordnete Muskelblöcke (*rosa*). Als man diese chinesischen Fische entdeckte, wußte man nicht, ob sie mit anderen Fischen verwandt waren, doch aufgrund der Anordnung ihrer inneren Organe fand man heraus, daß sie Vorfahren des lebenden aalartigen Neunauges waren.

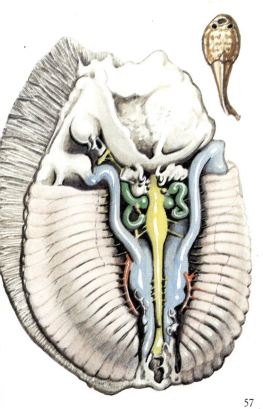

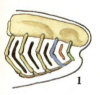 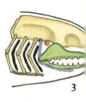

Die Entstehung der Kiefer

Am Ende des Silurs (vor 410 Millionen Jahren) machten die Wirbeltiere einen ihrer größten Entwicklungssprünge: Die vorderen Kiemenbögen verwandelten sich in Kiefer. Dies kündigte den Beginn einer neuen Lebensweise an: Anstatt nahrhaften Schlamm aufzusaugen, jagten sie nun andere Tiere.

Die Anordnung der Kiemenbögen (**1**) zeigt einen Mandibularbogen (*grün*), hinter dem sich die erste Kieme mit dem Hyoidbogen befindet (*blau*). Die Entwicklung der Kiefer begann mit einer Umwandlung der ersten Kieme in ein Atemloch (*rot*), wie z.B. bei den sibirischen Amphiaspiden (**2**). Schließlich dehnten sich die vor dem Atemloch aufgehängten knorpeligen Kie-

menbögen aus und bildeten dort, wo sich vorher die Kiemen befanden, Unter- und Oberkiefer (**3**).

Aus den ersten Kieferfischen, den Acanthodiern oder Stachelhaien wie dem *Climatius* (**4**) entwickelten sich viele Arten von Knochenfischen. Der *Eusthenopteron* (**5**) hatte muskuläre Flossen, Lungen und Kiemen. Während der jährlichen Trockenperiode, in der die Flüsse faulig wurden, krochen diese Fische, die Luft atmen konnten, von einem Tümpel zum anderen. Aus ihnen entwickelten sich die ersten Landwirbeltiere, die Amphibien, wie z.B. der *Ichthyostega* (**6**) aus Grönland.

Fossile Fußabdrücke wie auch Knochen von Amphibien wurden in Schottland, Rußland, Australien und Brasilien in 300 Millionen Jahre altem Devon-Gestein gefunden. Sie markieren den Beginn der Eroberung des Landes durch die Tiere.

Das Zeitalter der Amphibien

Während des Karbons, der steinkohlebildenden Periode vor 355-300 Millionen Jahren, gab es auf dem Kontinent Euroamerika Sümpfe, die sich ostwärts von Nordamerika bis nach Rußland ausdehnten.

Europa lag am Äquator in der tropischen Hochwaldzone, in der das Pflanzenleben gewaltig entwickelt war: Es gab riesige Ackerschachtelhalme, Bärlappgewächse und Farne sowie die Vorfahren der Nadelhölzer (*siehe S. 52f.*). Wenn diese Pflanzen starben und in die Sümpfe fielen, wurden sie zu Torf, der sich im Verlauf von Millionen von Jahren durch Druck und Hitze allmählich in Kohle verwandelte.

Es war diese Umgebung, in der sich die Amphibien entwickelten. Einige, wie der *Crassigyrinus* (**2**), mit verkürzten Gliedmaßen und einem langen Schwimmschwanz, paßten sich vollständig an ein Leben im Wasser an. Andere verloren all ihre Gliedmaßen und sahen wie Schlangen aus. Mit ihren flachen Körpern konnten sie

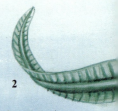

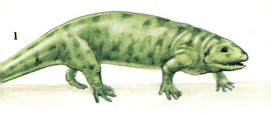

sich gut durch das seichte Wasser der Sümpfe bewegen.

Andere Amphibien, wie der *Eoherpeton* (**1**), lebten in den trockeneren Regionen der Wälder und ernährten sich von Insekten und anderen Arthropoden. Diese auf dem Land lebenden Amphibien entwickelten kräftige Beine und machten Jagd auf kleinere Artgenossen. Die kleinsten Amphibien in den Sümpfen lebten von Insektenlarven. Fische und größere schwimmende Amphibien jagten wiederum andere Amphibien.

Die Kohlensümpfe

Wenn durch die Kompression von Pflanzenresten Kohle gebildet wird, bleiben viele Dinge erhalten: die Wurzeln riesiger Bäume, ihre gemusterte Rinde, der Laubkörper von Blättern, Fruchtstände und unterschiedliche Sporentypen. Oft ist es nicht möglich zu entscheiden, welche Fossilien welcher Ursprungspflanze zugeordnet werden können. Und so gab man allen eigene Namen und nannte z.B. aus Unkenntnis über deren Zusammengehörigkeit den Stamm des Ackerschachtelhalms *Calamites* und seine Blätter *Annularia*.

In den Sümpfen lebte eine Überfülle von Insekten und anderen Arthropoden: Weberknechte und die sie jagenden Skorpione, Hüpf- und Webspinnen (5), insektenjagende Hundertfüßer (3), Tausendfüßer, einschließlich der 2 m langen *Arthropleura*, und Kakerlaken (4), die sich vom Laubabfall auf dem Waldboden ernährten.

Das bemerkenswerteste Ereignis war die Eroberung der Luft durch Insekten. Die riesige Libelle **Meganeura** (1) jagte andere Insekten im Flug. Die primitive Steinfliege **Lemmatophora** (2) zeichnete sich durch drei Flügelpaare aus, von denen das zusätzliche kreisförmige Paar als Gleichgewichtsorgan fungierte.

Zu dieser Zeit fraßen die Wirbeltiere keine Pflanzen. Pflanzenmaterial wurde von Bakterien und Pilzen abgebaut, die ihrerseits von Würmern und Insekten gefressen wurden. Die Insekten wurden wiederum von den Amphibien gefressen, und diese schließlich von jeweils größeren Artgenossen.

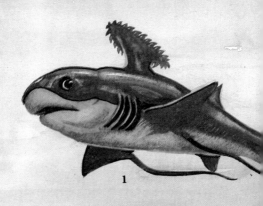

1

Schottische Haie

Während der 80er Jahre dieses Jahrhunderts entdeckte man unter einer Wohnsiedlung in Glasgow Haie aus dem Karbon, die auch Knorpelfische genannt werden, weil ihre Skelette nicht aus Knochen, sondern aus Knorpel bestanden. Zu den bizarreren Haien gehörte der 62 cm lange *Stethacanthus* (1), auf dessen massiver Rückenflosse sich ein merkwürdiges Etwas befand, das wie eine aus Zähnen gebildete Bürste aussah. Niemand weiß, welchem Zweck sie gedient haben könnte. Ein weiterer merkwürdiger Fisch aus demselben Gestein war die 45 cm lange, vollständig erhaltene amerikanische Seekatze *Deltoptychius* (**2**), die sich von Schalentieren ernährte, welche sie mit ihren großen abgeflachten Zähnen zerquetschte.

Neben den Haien gab es viele Arten von Knochenfischen, wie z. B. die dem *Climatius* gleichenden und mit *Eusthenopteron* verwandten Acanthodiern sowie auch die stacheligen Garnelen *Anthracophausia*.

All diese Tiere lebten im Meer, obwohl ihre Vorfahren Süßwasserseen und -flüsse bewohnt hatten. Die Bedeutung der Rückkehr von Wirbeltieren in die Meere, insbesondere die der Haie, lag darin, daß sie nun die Vorherrschaft der Cephalopoden bedrohten. Einige Fische lebten von Schalentieren, andere von Arthropoden und, wie der Inhalt konservierter Mägen beweist, wiederum andere von der Fischjagd.

2

Die ersten Reptilien

Viele Amphibien des Karbons verbrachten die meiste Zeit ihres Lebens auf dem Lande. Um sich fortzupflanzen, mußten sie jedoch offenes Wasser finden, in das sie Eier ablegten, die sich zu durch Kiemen atmenden Kaulquappen entwickelten. In der Hoffnung, daß wenigstens einige von ihnen das Reifestadium erreichen würden, legten sie Hunderte oder Tausende Eier ab.

Es ist allerdings auch möglich, weniger Eier abzulegen, am besten in einen Teich, den man nicht mit unzähligen anderen Individuen teilen muß, und sich dann dem einzelnen Ei (**1**) mit größerer Sorgfalt zu widmen. Das geschah folgendermaßen: Der sich entwickelnde Embryo wurde in eine mit Flüssigkeit gefüllte Membran, das Amnion (*blau*), eingeschlossen. Dieses wurde zusammen mit einem Eigelbvorrat (*gelb*) und einer Atmungsmembran, der Allantois (*grau*), von einer Schutz-

2

membran, dem Chorion (*schwarz*), umhüllt, um die sich eine poröse Kalziumkarbonatschale ablagerte. Tiere, die diese amniotischen oder geschlossenen Eier ablegen, werden Reptilien genannt.

Die ersten Reptilien, wie der *Petrolacosaurus* (**2**), lebten in den Kohlensümpfen und jagten Insekten. Diese kleinen echsenartigen Reptilien entdeckte man zuerst in Neuschottland in Kanada. Sie waren in hohlen Baumstümpfen konserviert, in die sie gefallen sein müssen, unfähig, sich wieder zu befreien.

Primitive säugetierähnliche Reptilien

Zu Beginn des Perms vor 300 Millionen Jahren trockneten die tropischen Sümpfe aus. Die Reptilien, die ihre Eier auf dem Land ablegen konnten, waren nun enorm im Vorteil, denn sie mußten nicht ins Wasser zurückkehren, um diese auszubrüten.

Das Leben auf dem Land wurde von säugetierähnlichen Reptilien dominiert, den Vorfahren der Säugetiere. Die kleinsten ernährten sich von Insekten und Würmern, die größeren und größten von den jeweils kleineren. Alle Reptilien ernährten sich von Tieren; sie hatten nicht gelernt, Pflanzenmaterial zu fressen. Die Kontinente wurden also ausschließlich von Fleischfressern beherrscht.

Eins der Probleme, die diese großen Reptilien lösen mußten, war die Kontrolle ihrer Temperatur. So entwickelte der gewaltige ***Dimetrodon** (Abbildung)* ein großes, vertikales Rückensegel, das von Dornfortsätzen der Wirbelsäule gestützt wurde. Es funktionierte wie ein Sonnenspeicher, der schnell Wärme aufnehmen und wieder abgeben kann. Das bedeutete, daß Reptilien mit einem Rückensegel früher am Tag auf die Jagd gehen konnten als Tiere ohne Segel.

Im Mittleren Perm entwickelten sich in Rußland einige pflanzenfressende Formen, die nach und nach die meist verbreiteten säugetierähnlichen Reptilien wurden. Dies war ein wichtiger Schritt in der Evolution von Ernährungsketten. Eine große Zahl von Pflanzenfressern wurde von einer Minderheit von Fleischfressern gejagt - eine moderne Form der Lebensgemeinschaft hatte sich entwickelt.

Entwickelte säugetierähnliche Reptilien

Während des Perms veränderten sich die säugetierähnlichen Reptilien; viele von ihnen gingen nun aufrecht, anstatt wie typische Reptilien zu kriechen. Ihr Gebiß wurde differenzierter: Sie hatten Vorderzähne zum Reißen und Stoßen und Backenzähne zum Kauen. Das Wichtigste war, daß einige ein Fell entwickelt zu haben schienen, das ihre Körpertemperatur auf einer gleichmäßigen Höhe hielt.

Am bemerkenswertesten war sicherlich das Auftauchen der pflanzenfressenden Dicynodonten (= Zweihauer-Saurier), die abgesehen von einem Paar oberer Eckzähne zahnlos waren. Es entwickelten sich zahlreiche Formen und Größen, unter anderem der gedrungene flußpferdähnliche *Lystrosaurus* (**1**). Fleischfresser, wie der hundeähnliche *Cynognathus* (= Hundekiefer, **2**) und die in Rußland entdeckten Säbelzahnformen, waren eine Seltenheit.

Zu dieser Zeit bildete sich das erste moderne Nahrungsnetz auf dem Land heraus, mit einer großen Zahl Pflanzenfressern, die von wenigen Fleischfressern gejagt wurden. Gegen Ende des Perms glichen die Säugetierähnlichen immer mehr den echten Säugetieren, deren Zeitalter nun angebrochen zu sein schien. Doch dann, nach einer 70 Millionen Jahre währenden Herrschaft, starben sie plötzlich aus.

Von geringer Bedeutung waren damals kleine, insektenfressende, echsenähnliche Reptilien, doch aus ihnen entwickelten sich die modernen Reptilien und Dinosaurier.

Während des Perms schloß sich das Uralmeer, und Europa und Asien wurden vereint. Nun gab es auf der Erde nur noch einen einzigen Kontinent, Pangäa.

Das Große Permische Sterben

Am Ende des Perms, vor 250 Millionen Jahren, ereignete sich der größte Rückschlag, den die lebende Spezies auf diesem Planeten jemals erfahren hat. Er führte zur größten Massenvernichtung aller Zeiten. Mehr als 95 Prozent aller Spezies auf der Erde starben aus.

Wenn man dieses Ereignis im Detail untersucht, wird deutlich, daß Meerestiere schon während der vorangehenden 30 Millionen Jahre allmählich ausstarben, da die Meere langsam zurückwichen. Der Meeresspiegel hatte sich weltweit gesenkt, und die chemische Zusammensetzung der Meere veränderte sich langsam. Sauerstoffarme Regionen hatten sich ausgebreitet und das meiste Leben auf dem Grund der kontinentalen Flachmeere vernichtet.

Diesem Massensterben fielen einige wichtige Gruppen, wie z.B. die Trilobiten, zum Opfer. Insgesamt wurden jedoch nur wenige Klassen vollständig ausgelöscht.

Weitaus dramatischer wirkte sich die Artendezimierung innerhalb der überlebenden Gruppen aus. So reduzierten sich z.B. bei einem wichtigen Schalentierstamm dessen 125 Gattungen auf ganze zwei. Von den sechzehn Familien der weit entwickelten gewundenen Cephalopoden (Ammoniten) überlebte lediglich eine.

Das reiche Leben in den flachen Schelf-Meeren war praktisch ausgelöscht. Das Leben auf dem Land und in den Tiefen der Ozeane scheint jedoch von dieser schrecklichen Krise nicht betroffen gewesen zu sein.

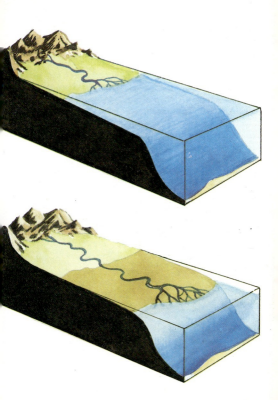

Das Mesozoikum: Die Triaszeit
(vor 250-205 Millionen Jahren)

Zu Beginn der Trias vor 250 Millionen Jahren hob sich der Meeresspiegel, und im Meer gab es bald wieder Leben in früherer Vielfalt und eine zahlreiche Vermehrung aller Arten von Schalentieren.

Auf dem Land änderte sich das Leben der Wirbeltiere einschneidend. Zunächst dominierten die Säugetierähnlichen mit riesigen Herden pflanzenfressender Dicynodonten wie dem *Dinodontosaurus* (**1**). Die wichtigsten Raubtiere waren die pelzigen Cynodonten. Die fleischfressenden Thecodonten (= Wurzelzähner), wie der *Rauisuchus* (**2**), kehrten jedoch ins Wasser zu-

rück und glichen in ihrer Lebensweise den Krokodilen. Sie waren die Vorfahren der Dinosaurier.

Aus unbekanntem Grund nahm die Zahl der Dicynodonten rapide ab. Ihren Platz nahmen stämmig gebaute Echsen, die Rhynchosaurier, ein, die einen stark gebogenen Schnabel und eine Reihe von Mahlzähnen hatten. Zu ihnen gehörte der pflanzenfressende *Scaphonyx* (3). Auch die fleischfressenden Cynodonten begannen auszusterben, doch aus ihnen entwickelten sich eine Gruppe wühlmausartiger Wassertiere wie auch winzige insektenvertilgende echte Säugetiere. Die Thecodonten kamen an Land und verdrängten die Cynodonten. In der Mittleren Trias war das Zeitalter der Säugetierähnlichen vorbei. Die Landschaft wurde nun von den Rhynchosauriern beherrscht.

Das Zeitalter der Dinosaurier

Gegen Ende der Trias, vor 195 Millionen Jahren, gab es eine zweite große Veränderung im Leben auf dem Land. Die Rhynchosaurier, die sich auf der ganzen Welt ausgebreitet hatten, verschwanden plötzlich, die letzten pflanzenfressenden Dicynodonten und selbst die fleischfressenden Cynodonten starben aus. Eine kleine Gruppe pflanzenfressender Säugetierähnlicher überlebte: *Oligokyphus* (4), die die ökologische Nische der heute lebenden Wasserwühlmaus besetzten. Aus den Cynodonten entwickelten sich winzige, pelzige, spitzmausähnliche echte Säugetiere. Diese wurden Nachttiere und jagten Insekten, Schnecken und Würmer, sobald es dunkel wurde.

Die wichtigsten Reptilien waren die Nachfahren der Thecodonten, die Dinosaurier. Die fleischfressenden Theropoden (= Raubtierfüßer) liefen auf ihren Hinterfüßen. Es gab zwei Gruppen: Die stämmig gebauten großschädeligen Carnosaurier (= Fleischreptilien) und die kleineren Coelurosaurier (= Hohlreptilien) wie der *Coelophysis* (2), mit langen Hälsen und kleinen Köpfen.

Aus den Coelurosauriern entwickelten sich die vierfüßigen pflanzenfressenden Prosauropoden (= echsenfüßig) wie der *Massospondylus* (3), die den Platz der Rhynchosaurier und der großen Dicynodonten einnahmen. Sie waren die Vorfahren der riesigen Sauropoden, der Brontosaurier. Die Ornithopoden (= Vogelfüßer), kleine zweibeinige Pflanzenfresser wie der *Lesothosaurus* (1), übernahmen die Rolle der kleinen pflanzenfressenden Säugetierähnlichen. Das Zeitalter der Dinosaurier war angebrochen.

Die Herkunft der Dinosaurier

Das Ereignis, das gegen Ende der Trias alle anderen Ereignisse in den Schatten stellte, war das Auftauchen der Dinosaurier.

Die primitiven Thecodonten glichen mit ihren knochigen Platten unter der Haut und ihrem schweren, zum Schwimmen abgeflachten Schwanz eher Krokodilen. Ihre Extremitäten standen noch auffallend stark seitlich vom Körper ab (**1**). Bei den entwickelteren Thecodonten wanderten die Gliedmaßen langsam unter den Körper und stützen ihn vom Boden ab (**2**). Die hinteren Gliedmaßen wurden länger und stärker, da von ihnen die treibende Kraft beim Schwimmen ausging. Die Tiere konnten sich kraftvoller bewegen, indem sie ihre gesamten Gliedmaßen aus dem Hüft- und Schultergelenk schwangen.

Als diese Reptilien das Wasser verließen, waren Schritt und damit Geschwindigkeit ihrer Hinterbeine viel größer als die ihrer Vorderbeine. Deshalb hob sich ihr Vorderteil vom Boden ab, wobei der schwere Schwanz als Gleichgewicht für Rumpf und Kopf diente. Dies waren die Dinosaurier, die zwei unterschiedlichen Hauptgruppen angehörten, den Saurischiern (= Echsenbecken, **3a**) und den Ornithischiern (= Vogelbecken, **3b**). Im wesentlichen handelte es sich um Reptilien, die völlig aufrecht gehen und laufen konnten. Der obere Beckenknochen, das Ilium (*gelb*), ist fest mit der Wirbelsäule verbunden; das Schambein (*lila*) ist nach vorn gerichtet, bei den Ornithischiern jedoch nach hinten, und eine neue Präpubis wird gebildet; das Sitzbein (*blau*) zeigt immer nach hinten.

Die ersten Dinosaurier

Das Auftauchen zweibeiniger fleischfressender Dinosaurier an Land ereignete sich ziemlich plötzlich. Diesen schnellen und gefährlichen Räubern gegenüber hatten die schwerfälligen pflanzenfressenden Dicynodonten und Rhynchosaurier wenig Chancen. Die primitivsten waren die mächtigen Carnosaurier mit großen Schädeln, kurzen, dicken Hälsen und einem starken Panzer aus Knochenplatten direkt unter ihrer Haut. Einer der bekanntesten ist der *Ornithosuchus* (**1**) aus der Trias von Schottland.

Eine zweite Gruppe bildeten die Coelurosaurier (= Hohlknochensaurier), die mit ihren langen Beinen und dem langen, schlanken Hals, auf dem ein kleiner Kopf saß, viel eleganter aussahen. Ihre Zähne hatten wie die der Carnosaurier gezackte Kanten, waren abgeflacht

und dolchartig. Die Coelurosaurier waren zweifellos Fleischfresser. In einigen Gerippen von *Coelophysis* (2) fand man in den Mägen Reste junger Tiere, was darauf hinweist, daß diese Saurier zuweilen auch ihre eigenen Jungen verschlungen haben müssen.

Beide Gruppen waren weit verbreitet und haben in triassischem Sand viele Spuren hinterlassen, die zeigen, daß sie mit einer Geschwindigkeit von 8 km pro Stunde liefen. Als sie in Connecticut zum ersten Mal entdeckt wurden, bezeichnete man sie wegen ihrer vogelähnlichen, dreizehigen Abdrücke als Noahs Raben.

Pflanzenfressende Dinosaurier
Zu den ersten pflanzenfressenden Dinosauriern gehörten die Prosauropoden, Nachfahren einer Coelurosauriergruppe. Sie hatten noch deren lange Hälse und kleinen

Köpfe mit zahlreichen scharfen Zähnen, ihre Beine waren jedoch kürzer und ihr Körperbau viel schwerfälliger. Obwohl ihre Gesamtproportionen auf ihre Abstammung von den Coelurosauriern hindeuten, kennzeichneten sie einen fundamentalen Wandel in der Lebensweise der Dinosaurier. Denn sie hatten zwar noch die Zähne von Fleischfressern, konnten aber schon Pflanzenmaterial verdauen.

Weil sie an Körperumfang zunahmen, wurden sie auch zu den ersten ›warmblütigen‹ Dinosauriern, die ihre Körpertemperatur konstant halten konnten. Im Verhältnis zu ihrem Umfang war ihre Oberfläche nämlich zu klein, um sich schnell zu erwärmen oder abzukühlen.

Der kleine, 2 m lange *Thecodontosaurus* wurde mitten in der Stadt Bristol in den Überresten einer Höhle ge-

funden. Der aus Argentinien stammende Mausdinosaurier *Mussaurus* war nur 20 cm lang. Ob sich diese kleinen Dinosaurier schon zu Pflanzenfressern entwickelt hatten, ist schwer zu sagen. Die Größe der Hauptvertreter der Dinosaurier, wie die des 6 m langen **Plateosaurus** (*Abbildung*) aus Deutschland oder des noch größeren 12 m langen *Riojasaurus* aus Argentinien, deutet zusammen mit der Tatsache, daß sie, wie ihre Fußabdrücke beweisen, in großen Herden lebten, darauf hin, daß sie Pflanzenfresser gewesen sein müssen, zumal ihre Nachfahren die riesigen pflanzenfressenden Brontosaurier (= Donnerechsen) waren. Am Ende der Trias tauchte eine Gruppe von kleinen, 1 m langen zweifüßigen, pflanzenfressenden Vogelbecken-Dinosauriern wie der *Lesothosaurus* auf, die, wie auch einige Krokodile in Afrika heute, während der heißen Sommer in einem Bau schliefen.

Die Rückkehr zum Meer

Mit dem Anstieg des Meeresspiegels und der schnellen Wiedereroberung der Meere durch überlebende Schalentiere stieg dort die Zahl der Fische und Cephalopoden, besonders der Ammoniten (= Widderhorn), enorm an. Diese reiche Nahrungsquelle lockte mehrere Reptiliengruppen ins Meer zurück, wodurch sich das Nahrungsgefüge entscheidend veränderte. Nun waren die luftatmenden Wirbeltiere die höchsten Raubtiere, die sich von Fischen und Cephalopoden, den vorherigen Herrschern der Meere, ernährten.

Zu Beginn der Trias hatten sich alle alten Kontinente zu dem Superkontinent Pangäa vereinigt, so auch das nördliche Laurasia und das südliche Gondwana mit dem Urmeer Thetys dazwischen. Entlang der nördlichen Ufer von England über Europa nach China und der südlichen von Tunesien nach Israel und Indien lebten die Nothosaurier (= südliche Echsen) wie der ***Nothosaurus*** (*Abbildung*). Fossile Abdrücke zeigen, daß sie Schwimmfüße hatten; die Schwanzknochen deuten auf eine lange, dorsale Schwimmflosse hin. Ihre Kiefer waren lang und mit zahlreichen spitzen Zähnen bewaffnet, die als Fischfallen dienten. In fossilen Meereshöhlen im Süden des heutigen Polen sind Reste Dutzender junger Nothosaurier erhalten.

Schalentierfressende Reptilien

Während der Mittleren Trias tauchte eine einzigartige Reptiliengruppe auf, die Placodonten (= Pflasterzähne). Sie hatten einen dicken knöchernen Panzer, ähnlich dem von Schildkröten (mit denen sie aber nicht verwandt sind), einen langen Schwanz mit dorsaler Flosse und Schwimmfüße. Einige Formen wie *Placodus* hatten hakenförmige Zähne vorn am Kiefer, mit denen sie am Meeresboden haftende Schalentiere hochzogen, während **Placochelys** (gepanzerte Schildkröte, *Abbildung*) einen zahnlosen Schnabel hatte. Die starken, flachen Zähne der Placodonten dienten dem Zermalmen der Schalen von Mollusken und von anderen Schalentieren.

Die Placodonten lebten in den seichten tropischen Meeren, die Deutschland, Tunesien und Israel bedeckten. Die plötzliche Vermehrung der Schalentiere, die mit dem Anstieg des Meeresspiegels in der Trias einherging, schuf eine ungenutzte Nahrungsquelle, denn die Placodonten breiteten sich nicht in anderen Gebieten der Erde aus. Sie konnten nur in Küstenregionen überleben und waren nicht fähig, mit den Knochenfischen zu konkurrieren, die kräftige Kiefer und schalenzerschmetternde Zähne entwickelten und im Unterschied zu luftatmenden Reptilien auf dem Meeresgrund bleiben können. So starben die Placodonten am Ende der Trias aus.

Am Ende des Zeitalters der Dinosaurier, also vor 70 Millionen Jahren, wurde eine Gruppe von Meeresechsen zu Schalentierfressern. Heute wird diese Nische von den Walrössern ausgefüllt.

Gleitende und fliegende Reptilien

Am Ende der Trias erhoben sich die Wirbeltiere in die Lüfte.

Eines der erstaunlichsten Reptilien wurde in Kirgisien, in Zentralasien, gefunden und nach seinem Entdecker Dr. G. Sharov aus Moskau ***Sharovopteryx*** (= Sharovs Flügel, *Abbildung*) benannt. Das Skelett sieht aus wie das eines normalen echsenartigen Reptils, hatte jedoch eine Flughaut, die Ellbogen und Knie verband. Eine weitere Haut verlief von den Knöcheln bis zur Mitte des Schwanzes. Wenn dieses Reptil aus den Bäumen heraushüpfte, streckte es seine Gliedmaßen aus und war ein perfekter Gleiter, der wie das lebende fliegende Eichhörnchen lange Entfernungen zurücklegen konnte.

Wahrscheinlich stammen die echten fliegenden Reptilien oder Pterosaurier von einem solchen Gleitflieger ab. Die Haut, die an der Hinterkante des Vordergliedes, also am Ellbogen, befestigt war, wird sich bis zum letzten Finger verbreitert haben. Eine Verlängerung dieses Fingers vergrößerte die Membran zu einem dreieckigen Flügel, der immer noch an den Hinterbeinen befestigt sein konnte. Dies ist das Grundmuster eines Flügels des ersten bekannten Pterosauriers, *Eudimorphodon,* aus der Trias von Italien. Die Pterosaurier entwickelten einen echten Flatterflug und beherrschten die Himmel 140 Millionen Jahre lang.

Fallschirmsaurier
Es scheinen sich viele Arten der Fortbewegung in der Luft entwickelt zu haben. In Kirgisien entdeckte Dr. Sharov ein fossiles Reptil, das er **Longisquama** (= Langschuppe, **2**) nannte. Es hatte auf dem Rücken eine Reihe enorm langer Schuppen, die als eine Art Fallschirm gedient haben müssen, wenn Longisquama aus den Bäumen sprang. Zuerst glaubte man, es gebe nur eine Schuppenreihe, tatsächlich waren es aber zwei. Die Schuppen auf der Hinterkante der Vorderglieder waren fast siebenmal länger als normale Schuppen. Dies mag der Beginn der Evolution von Federn gewesen sein, die ja von verlängerten Reptilienschuppen abstammen. Longisquama war zu spezialisiert, um der Vorfahre von Vögeln gewesen zu sein, zeigt aber, wie Federn entstanden sein können.

In drei unterschiedlichen geologischen Zeitaltern, dem Perm, der Trias und dem heutigen, entwickelten Reptilien Häute, getragen von verlängerten Rippen, die zum Gleiten ausgestreckt werden konnten. Im Perm von England, Deutschland und Madagaskar hatte der *Weigeltisaurus* eine Gleithaut, die von langen, dünnen Rippen gestützt wurde und der Gleithaut des lebenden fliegenden Drachen *Draco* der tropischen Wälder Asiens ähnlich ist. Am Ende der Trias entwickelten die gleitende Echse *Kuehneosaurus* und der nordamerikanische *Icarosaurus* (**1**) lange, tiefe Rippen, so daß die Haut, die sie bedeckte, die Form eines Flugzeugflügels bildete. Diese tiefen Rippen waren mit Gelenken versehen und konnten seitlich am Körper entlang zurückgefaltet werden.

Das Mesozoikum: Die Jurazeit
(vor 205-135 Millionen Jahren)

Ammoniten

Während der Jurazeit, vor 205-135 Millionen Jahren, brach der Superkontinent Pangäa auseinander. Die Antarktis und Australien trennten sich von Südamerika und Afrika. Zwischen Europa und Asien breitete sich das Meer aus. Dies führte zu einer Blüte des marinen Lebens. Aus den Nautiloidea *(Seite 47)* entwickelten sich schalige Cephalopoden, die **Ammoniten** *(Abbildung)*, die in den Ozeanen der Welt jagten. Die leeren Ammonitenschalen bedeckten riesige Flächen des Meeresbodens und bildeten Gesteinsschichten, die Schalentieren wie z.B. Austern einen sicheren Halt boten.

Die Ammoniten hatten gewundene Schalen mit einer Reihe gasgefüllter Kammern, so daß sie schweben konnten. Sie benutzten Tentakel, um ihre Beute zu fangen, und schwammen durch Düsenantrieb (Strahlenantrieb), indem sie Wasser durch eine fleischigen Röhre, dem Siphon, ausspritzten. Männchen und Weibchen hatten unterschiedliche Schalen, aber man weiß nicht, welche Schalen welchem Geschlecht gehörten. Bis zum Ende des Zeitalters der Dinosaurier vor 65 Millionen Jahren waren die Ammoniten die erfolgreichsten wirbellosen Tiere des Meeres. Sie entwickelten sich sehr rasch, und die unterschiedlichen Ammonitenarten dienen dazu, das Alter von Gesteinen zu bestimmen.

Die Fischechsen

1811 grub die zehnjährige Mary Anning ein großes Reptilskelett aus den jurassischen Gesteinen von Lyme Regis an der Südküste Englands aus. Es war das erste erkennbare Exemplar eines *Ichthyosaurus* (*Abbildung*) oder einer ›Fischechse‹, obwohl John Morton schon 1712 Wirbeltiere beschrieben hatte. Der Ichthyosaurus ist eines der klassischen Beispiele einer konvergenten Entwicklung. Obwohl er ein Reptil war, hatte er die Gesamtproportionen eines Delphins und einen diesem sehr ähnlichen Lebensstil.

Alle vollständig erhaltenen Skelette hatten ein abgebogenes Rückgratende, woraus man schloß, daß der Ichthyosaurus eine dorsale Schwanzflosse hatte. In Süddeutschland entdeckte Skelette, bei denen Umrisse der Haut erhalten waren, bestätigten diese Annahme und ließen auch erkennen, daß ihre Rückenflosse wie bei Delphinen oder Haien dreieckig war.

Die Ichthyosaurier konnten nicht an Land gehen, um ihre Eier abzulegen, und gebaren ihre Jungen lebend. Aufgrund fossiler Funde weiß man, daß einige Ichthyosaurier-Mütter bei der Geburt ihrer Jungen starben. 1987 wurde in Somerset ein Ichthyosaurier mit einem winzigen, zu einem Ball zusammengerollten Embryo gefunden, ein Beweis dafür, daß diese Fischechsen ihre Eier im Mutterleib ausbrüteten.

Die Hauptnahrung der Ichthyosaurier müssen Cephalopoden gewesen sein, denn selbst bei jungen 1,5 m langen Tieren wurden in den Mägen bis zu einer halben Million winziger Chitinhaken von Cephalopoden-Tentakeln gefunden.

Plesiosaurier

Ein anderes, einer neuen Gruppe angehörendes Reptil, das Mary Anning in Lyme Regis entdeckte, war der Plesiosaurus, der 1822 als durch eine Schildkröte gezogene Schlange beschrieben wurde. Er hatte einen faßförmi-

gen Körper, kurzen Schwanz, langen Hals und kleinen Kopf mit zahlreichen scharfen Zähnen sowie vier paddelförmige Gliedmaßen.

Bei den Pliosauriern wie dem riesigen *Liopleurodon* (*Abbildung*), die nur wenig später gefunden wurden, waren der Kopf größer, der Hals kürzer und die Zähne viel stummeliger.

Die Pliosaurier waren kraftvolle Schwimmer, die sehr tief tauchen konnten und sich, wie der Inhalt ihrer mit winzigen Tentakelhäkchen gefüllten Mägen zeigt, hauptsächlich von Cephalopoden ernährten. Sie benutzten ihre Paddel wie Pinguine ihre Flügel, weshalb ihre Schwimmzüge auch als Unterwasserflug beschrieben werden. Die Pliosaurier und Plesiosaurier hatten je zwei Paar ›Flügel‹, die nur dann richtig funktionierten, wenn sich die Reptilien im Wasser genauso wie Tümmler auf und ab bewegten.

Die langhalsigen Plesiosaurier lebten hauptsächlich von Fischen. Sie konnten nicht tauchen und verbrachten die meiste Zeit paddelnd an der Oberfläche, schwangen ihre Köpfe und Hälse hin und her und stürzten sich dann auf Fische. Die Knochenstruktur der Paddel zeigt, daß sie diese sehr schnell bewegen konnten, also äußerst wendig waren. Sie waren jedoch keine besonders kraftvollen Schwimmer.

Krokodile

Am Ende der Trias gab es bereits Reptilien, die wie Krokodile aussahen und deren ökologische Nische ausfüllten. Das waren die Phytosaurier (= Pflanzenechsen), deren Nasenlöcher weit entfernt von der Spitze ihrer Schnauzen direkt vor ihren Augen lagen. Heutige Krokodile haben ihre Nasenlöcher auf der Spitze ihrer Schnauzen, und sie besitzen einen langen knöchernen Gaumen, der die Atemwege von der Mundhöhle trennt.

Die ersten echten Krokodile, wie der triassische *Terrestrisuchus* (**1**) aus dem Westen Englands, waren leicht gebaute, langbeinige, auf dem Land lebende Reptilien. Sie kehrten erst im Jura, nach dem Aussterben der Phytosaurier, ins Wasser zurück und entwickelten ihre langen, kompakten Körper mit den kurzen Beinen. Sie füllten die leere Nische der halbaquatischen Fleischfresser, die während der Trias von den Thecodonten besetzt worden war. Im Jura paßten sich einige Krokodile vollständig an das Leben in den Ozeanen an, ihre Gliedmaßen wurden paddelähnlich, und an ihren Schwänzen entwickelte sich eine dorsale Flosse.

Gegen Ende des Zeitalters der Dinosaurier wurden einige Krokodile zu Riesen von fast 20 m Länge. Sie starben jedoch bald aus, wohingegen Krokodile von gewöhnlicher Größe wie *Sokotosuchus* (**2**) aus Nigeria lange über das Dinosaurierzeitalter hinaus lebten. Obwohl Krokodile typische primitive Reptilien zu sein scheinen, sind alle ihre Spezialisierungen für ein halbaquatisches Leben spätere Entwicklungen, die fälschlicherweise den Eindruck von Primitivität vermitteln.

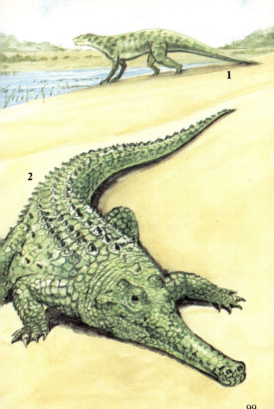

Jurassische Landpflanzen

Die Pflanzen, die zu Beginn des Zeitalters der Dinosaurier auf den Kontinenten vorherrschten, waren die Gymnospermen (= Nacktsamer, da ihre Samen im Gegensatz zu denen blühender Pflanzen nicht in eine Frucht eingeschlossen sind). Man unterscheidet zwei Hauptgruppen: die Cycadeen und die Coniferen.

Cycadeen haben einen dicken Stamm mit einer Krone aus lederartigen, immergrünen Blättern und sehen, obwohl keine Verwandtschaft besteht, wie heutige Palmen aus. Eine der üblichsten jurassischen Formen ist **Williamsonia (2)**, die wie eine Palme mit Ästen aussieht, im Unterschied zu heutigen Cycadeen jedoch blumenartige Fortpflanzungsorgane hatte. Die *Cycadeoides* (= cycadeenartig, **1**) ist lebenden Cycadeen zum Verwechseln ähnlich, hat aber ebenfalls blumenartige Fortpflanzungsorgane. *Palaeocycas* (**3**) ist eine echte Cycadee, gleicht jedoch eher einer Palme.

Bei den Coniferen oder zapfentragenden Bäumen gibt es drei Hauptgruppen. Die echten Coniferen, bei denen die Fortpflanzungsorgane auf getrennten Zapfen sitzen, wobei die weiblichen Zapfen groß und holzig sind. Eiben haben keine weiblichen Zapfen, aber der Samen wird von einem fleischigen Kelch umgeben, dem Arillus. Zur dritten Gruppe gehört der Ginkgobaum (S. 122 f.). Coniferen bildeten einen wesentlichen Teil der Nahrung pflanzenfressender Dinosaurier.

Die größten Dinosaurier

Die größten Landtiere aller Zeiten waren die pflanzenfressenden Sauropoden (= Elefantenfußdinosaurier), Nachfahren der Prosauropoden. Der größte, **Brachiosaurus** (= Armechse, *Abbildung*), wog über 100 Tonnen, der 23 m lange *Diplodocus* mit dem langen Schwanz lediglich 10, *Apatosaurus* (der ursprüngliche *Brontosaurus*) 30 Tonnen. Der chinesische *Mamenchisaurus (Abbildung S.4 f.)* hatte von allen Dinosauriern den längsten Hals.

Alle Sauropoden waren enorm groß und bedeutende Pflanzenfresser. Typische Vertreter wie die Brontosaurier (= Donnerechsen) hatten im vorderen Kieferbereich Zähne, die eine Art Harke zum Einsammeln von Pflanzen bildeten. Ihre Nasenlöcher saßen ganz vorn am Kopf. Die massiven, säulenartigen Vorderfüße hatten eine Klaue und 4 stumpfe Hufe oder Nägel, die Hinterfüße 3 Klauen und 2 Hufe.

Eine zweite Gruppe, die Brachiosaurier, hatte im Unterschied zu allen anderen Dinosauriern längere Vorder- als Hinterbeine. Ihr gesamter Kiefer war mit stiftartigen Zähnen ausgestattet. Die Nasenlöcher befanden sich in einer gerundeten Ausbuchtung oben auf dem Kopf.

Wie fossile Fußabdrücke zeigen, lebten die Sauropoden in Herden von bis zu 30 Tieren. Die jüngeren gingen in der Mitte und die größten ganz außen.

Das Alter der Sauropoden kann anhand von Wachstumsringen in den Gliederknochen, vergleichbar mit den Jahresringen in Baumstämmen, bestimmt werden. Dabei stellte sich heraus, daß einige von ihnen 120 Jahre alt wurden.

Schwimmende Brontosaurier

Die Gliedmaßenknochen der Sauropoden waren enorm schwer und stark, das Rückgrat hingegen sehr leicht, da jeder Knochen hohl war. Man hat die Gliedmaßen mit den schweren Stiefeln von Tauchern verglichen, deren Gewicht die Brontosaurier unter Wasser hielt, während das leichte Rückgrat dem Oberkörper half, auf dem Wasser zu treiben.

In Texas gefundene Fußabdrücke des Brontosauriers *Apatosaurus* (*Abbildung*) stammten nur von den Vorderfüßen. Brontosaurier konnten jedoch keinen Handstand machen. Diese Fußabdrücke müssen also von einem schwimmenden Brontosaurier stammen, der, wie

heute Flußpferde in Flüssen und Seen, den Boden nur mit seinen Vorderfüßen berührte. Wenn die Brontosaurier die Richtung ändern wollten, setzten sie einen Hinterfuß auf den Grund, schwangen ihren Körper herum und paddelten dann in eine andere Richtung. Tatsächlich gibt es dort, wo sich in Texas die Spur ändert, den Abdruck eines einzelnen Hinterfußes.

Lange Zeit glaubte man, daß die Brontosaurier den fleischfressenden Dinosauriern entkamen, indem sie sich ins Wasser zurückzogen. In den letzten Jahren hat man jedoch auch die Fußspuren großer, schwimmender Fleischfresser entdeckt: Allein ihre Zehenspitzen berührten den Boden.

Fleischfressende Dinosaurier
Während der Jurazeit entwickelten sich die beiden Gruppen fleischfressender Dinosaurier, die großen Carnosaurier (= Fleischechsen) und die kleinen Coelurosaurier (= Hohlechsen), in entgegengesetzte Richtungen: Die schwereren Carnosaurier wurden zunehmend größer und erreichten schließlich eine Länge von fast 12 m, während einige der leichteren Tiere, wie der *Compsognathus* (**2**), nur etwa so groß wie ein Haushuhn wurden, also ungefähr 60 cm (nicht zu vergessen, daß Hühner keine langen Schwänze haben!).

Die riesigen Fleischfresser wie der 12 m lange amerikanische *Allosaurus* und der etwas kleinere englische ***Megalosaurus*** (= Riesenechse, **1**), der 1819 als erster Dinosaurier entdeckt wurde, waren sicher keine aktiven Jäger, sondern Aasfresser. In Amerika fand man neben einigen abgebrochenen Zähnen die Reste eines Brontosaurierschwanzes, der eindeutig Spuren von Carnosaurierzähnen aufweist. Hier muß also ein Carnosaurier Fleischstücke vom Schwanz abgebissen haben – ein Jäger hätte den Dinosaurier aufgerissen und die Innereien heruntergeschlungen, jedoch nicht an den Schwanzresten genagt.

Im Gegensatz dazu waren die kleinen Coelurosaurier aktive Jäger, denn in ihren Mägen fand man die konservierten Reste von Echsen.

Fußspuren zeigen, daß die kleineren Arten in Herden jagten, die großen hingegen dazu neigten, allein oder zu zweit umherzuwandern.

Stacheldinosaurier

Die Pflanzenfresser lösten das Problem, sich vor den Fleischfressern zu schützen, auf vielfältige Weise. Die bemerkenswerteste Verteidigungsart haben wohl die Stegosaurier, auch bedachte Reptilien genannt, erfunden, deren riesige Knochenplatten zunächst für eine Art Dach gehalten wurden.

Der Vorfahr der Stacheldinosaurier war der *Scelidosaurus* aus dem Jura von Lyme Regis, ein gepanzerter Pflanzenfresser mit zwei Reihen kleiner dreieckiger Knochenplatten, die vom Kopf aus an seinem Körper entlang bis hinunter zum Schwanz liefen.

Der Stegosaurier *Tuojiangosaurus* aus China hatte als Hauptverteidigungswaffen zwei scharfe Stacheln an seinem Schwanzende und auf dem Rücken kleine dreieckige Platten. Dieser Grundtyp entwickelte sich in zwei entgegengesetzte Richtungen:

Beim *Kentrosaurus* (*Abbildung*) aus Afrika entwickelten sich die Platten von der Rückenmitte bis zum Schwanzende zu langen, scharfen Stacheln, von denen zwei oberhalb der Hüfte seitwärts wegstanden.

Ein Vertreter der anderen Richtung ist der *Stegosaurus* selbst, dessen Rücken mit riesigen, flachen, aufrecht stehenden umd mit einem großen Blutvorrat ausgestatteten Knochenplatten bedeckt war, die als eine Art Kühlsystem fungierten.

Pflanzenfressende Herden

Die wichtigsten Pflanzenfresser unter den Dinosauriern waren die Ornithischier. Sie benutzten hauptsächlich zwei Beine, konnten aber auch auf allen vieren gehen und fraßen normalerweise in dieser Haltung. Nur wenn sie sich fortbewegten, erhoben sie sich auf ihre Hinterfüße.

Die Ornithopoden (= Vogelfüßer) bildeten die wichtigste Untergruppe. Die kleinen Formen, wie der 1 m lange *Hypsilophodon* (*Abbildung*) von der Isle of Wight, waren schnelle Läufer, die jedoch, anders als zunächst angenommen, keine Bäume erklettern konnten. Der große *Camptosaurus* war 3 oder 4 m lang und viel langsamer. Es gab zwei Haupttypen: Der erste blieb klein und unspezialisiert, der zweite wurde sehr groß und wog mehrere Tonnen. Man weiß nicht, wie diese äußerst erfolgreichen Dinosaurier es schafften, sich zu schützen, bekannt ist jedoch, daß sie in Herden lebten.

Die Ornithischier waren spezialisierte Pflanzenfresser. Mit ihren Zahnreihen scherten sie zähes Pflanzenmaterial ab, das sie mit ihren Hornschnäbeln pflückten. Sie konnten Pflanzenmaterial in ihren Mäulern zermahlen, weil Speise- und Luftröhre wie bei den heutigen Säugetieren durch einen sekundären Gaumen getrennt waren. Zudem hatten sie wie die Säugetiere muskulöse Wangen, die bei keiner anderen Reptilienart gefunden wurden.

Behaarte fliegende Reptilien

Im Zeitalter der Dinosaurier wurde der Himmel von fliegenden Reptilien oder Pterosauriern beherrscht. 1971 fand man in Kasachstan ein Skelett mit einer vollständig erhaltenen Flughaut. Das Sensationellste war jedoch, daß auch der Pelz, der Körper und Gliedmaßen bedeckte, erhalten war, so daß wir nun wissen, daß die Pterosaurier behaart waren. *Sordes pilosus* (behaarter Teufel, *Abbildung*), wie man diesen Pterosaurier nannte, ist einer der eindeutigsten Beweise dafür, daß diese Flieger warmblütig waren. Deswegen sollten sie nicht länger als Reptilien klassifiziert werden, sondern einer eigenen Hauptklasse, der der Pterosaurier, zugeordnet werden.

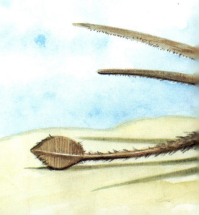

Die Flughaut der Pterosaurier war an den Hinterbeinen befestigt, und so konnte ihre Form beim Flatterflug genau kontrolliert werden. Die ersten Pterosaurier hatten lange Knochenschwänze und Zähne, die dann bei spätere Formen nicht mehr vorhanden waren.

In letzter Zeit wurde behauptet, die Pterosaurier wären wie die kleinen Dinosaurier auf ihren Hinterbeinen gelaufen, doch die Struktur ihres Hüftgürtels zeigt, daß sie eher einen sehr unbeholfenen, gespreizten Watschelgang hatten, der jedoch ideal war, um Klippen oder Baumstämme hinaufzuklettern. Jüngste Entdeckungen in dem versteinerten Wald der Kysylkum-Wüste von Kasachstan weisen darauf hin, daß die Pterosaurier in Bäumen nisteten.

Behaarte Säugetiere
1764 fand man in jurassischen Gesteinen in der Nähe von Oxford fossile Unterkiefer von winzigen rattengrossen Säugetieren. Die Bedeutung dieser Funde wurde jedoch erst um 1820 von William Buckland erkannt. Als er 1824 deren Entdeckung verkündete, löste er eine Sensation aus, weil bis dahin niemand geglaubt hatte, daß in der Jurazeit überhaupt Säugetiere lebten.

Fossile Beweise für die Existenz von Säugetieren im Dinosaurierzeitalter sind zahlreiche einzelne Zähne und einige, vor allem aus der Trias von China stammende, Schädel. In den siebziger Jahren fand man in jurassischen Gesteinen Portugals das vollständige Skelett eines mesozoischen Säugetieres. Sein Hüftgürtel gleicht dem lebender Beuteltiere. Der lange Schwanz half wohl beim Balancieren in Bäumen.

Das wesentliche Charakteristikum des Säugetierskelettes befindet sich jedoch in der Ohrregion, in der die ursprünglichen Knochen des reptilen Kiefergelenkes (*siehe Farbschlüssel*) Teile einer Kette schalleitender Knochen geworden sind. Die kleinen Säugetiere wiesen jedoch noch eine Reihe weiterer wichtiger Merkmale auf. Winzige Vertiefungen auf den Schnauzenknochen machen deutlich, daß sie einen Schnurrbart hatten, woraus man folgern kann, daß sie behaart waren. Ihre Zähne hatten sich zu zerrenden Schneidezähnen, reißenden Eckzähnen und kauenden Backenzähnen mit scharfen Höckern entwickelt. Speise- und Luftröhre waren getrennt, was gleichzeitiges Kauen und Atmen ermöglichte. Das bedeutete unter anderem auch, daß Mütter ihre Jungen säugen konnten.

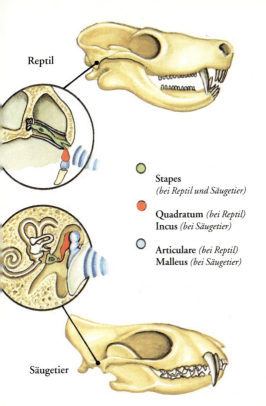

Stapes *(bei Reptil und Säugetier)*

Quadratum *(bei Reptil)*
Incus *(bei Säugetier)*

Articulare *(bei Reptil)*
Malleus *(bei Säugetier)*

Jurassische Lagunen bei Solnhofen

In Süddeutschland gibt es einen feinkörnigen lithographischen Kalkstein aus dem Oberen Jura vor fast 145 Millionen Jahren, der einst für lithographische Drucke verwendet wurde. Im letzten Jahrhundert fanden die Besitzer der Steinbrüche jedoch heraus, daß Sammler für die freigelegten Fossilien hohe Preise bezahlten. Der Kalkstein war als sehr feiner Kalkschlamm in einer Lagune zwischen Land im Norden und Korallenriffen im Süden abgelagert worden. Er hatte sich direkt unterhalb des Wasserspiegels gebildet und war wohl niemals direkt der Luft ausgesetzt, denn die Fossilienspuren stammen nur von marinen Tieren. Die Funde sind ausgezeichnet konserviert; in vielen Fällen sind sogar weiche Gewebe erhalten. Etwa 700 Spezies können anhand der Ablagerung beschrieben werden, was einen guten Einblick in das Leben einer 150 Millionen Jahre alten Korallenlagune gibt.

Nichts weist auf die Ufer und offenen Meere hin, an denen die Korallenriffe gediehen, aber es gibt indirekte Anzeichen dafür, daß das Wasser nicht dem Einfluß der Gezeiten ausgesetzt war. Die stille Lagune war eine Art Todesfalle, in der Tierarten aus einer Vielzahl von Lebensräumen erhalten sind. Man fand keine Fußspuren von Landtieren, sondern nur Spuren, die von Tieren im Todeskampf zu stammen scheinen.

Fossilien von Königskrabben wurden dort gefunden, wo ihre eigene Spur endet und sie kurz vor ihrem Tod im Kreis umhertaumelten. Völlig erhaltene Garnelen, Krabben und Hummer wie der *Aeger (Abbildung)* offenbarten die feinen Einzelheiten ihrer Gliedmaßen.

Auch marine Würmer, deren winzige Glieder perfekt erhalten sind, rollten sich ein, wenn sie starben. Fliegende Insekten wie die Libellen und das Pfauenauge *Kalligramma* mit den großen Augenflecken (*siehe S. 133*) fielen ins Wasser, sanken auf den Grund und wurden so konserviert. In und am Rande der Lagune lebten viele Arten von Wirbeltieren.

Man fand zahlreiche Haie und Rochen, aber am häufigsten vertreten waren Schwärme kleiner, grätiger Sprotten, *Leptolepis*. Einige Fische hatten lange spitze Mäuler, andere waren hochrückig und zermalmten Schalentiere oder Korallen.

Unter den Reptilien gab es mehrere Arten von Schildkröten, die das seichte Gewässer bewohnten. Sie haben sich seit ihrem ersten Auftreten in der Trias kaum verändert. Ursprünglich waren sie Landbewohner, besiedelten aber später die Meere und gipfelten in der riesigen 2,5 m langen ***Sokotochelys*** (**1**) aus Nigeria und der marinen Schildkröte ***Trionyx*** (**2**), die jedoch später in Süßwassertümpeln lebte.

Es gab fünf Arten von Krokodilen, die sich von 32 verschiedenen aus der Lagune bekannten Fischstämmen ernährten. Näher an den Ufern scheint eine Reihe äußerst seltener Reptilien versehentlich in die Lagune hineingefallen und durch die Flut hinausgetragen worden zu sein. Diese Echsengruppe ist von großer Bedeutung, weil alle Hauptgruppen lebender Formen in ihr erhalten sind. *Bavarisaurus* z.B., ein Gecko mit langem Schwanz, ist im Magen des winzigen Dinosauriers *Compsognathus* erhalten; außerdem fand man primitive Leguane, Echsen, Skinks und Blindschleichen.

Der erste Vogel: Archaeopteryx

Die wertvollsten Fossilien aller Zeiten sind sechs Exemplare des ersten bekannten Vogels *Archaeopteryx* (*Abbildung*) aus dem jurassischen Kalkstein von Solnhofen. Das erste Exemplar, ein kleines Reptilskelett mit Federn an den Vordergliedern und einem langen knöchernen Schwanz, wurde 1861 vom Britischen Museum gekauft. 1877 entdeckte man ein vollständigeres Skelett, dessen Schädel wie ein typischer Reptilkopf mit Zähnen aussieht.

1951 fand man ein drittes Exemplar, und ein weiteres, schon 1855 gefundenes, wurde erst 1970 richtig identifiziert. Das fünfte, 1956 gefundene, kleinere Individuum wurde 1974 beschrieben, das sechste kam 1988 ans Tageslicht.

Der *Archaeopteryx* ist von so großer Bedeutung, weil er zeigt, wie sich aus den Reptilien Vögel entwickelten. Das Skelett ist reptilienartig, aber sein Federkleid macht den *Archaeopteryx* zum perfekten Zwischenglied zwischen Vögeln und Reptilien.

Evolutionsgegner haben versucht aufzuzeigen, daß die Fossilien gefälscht waren, doch die einzigartigen Schwanzfedern und Details der Risse in den Kalksteinplatten beweisen, daß sie echt sind.

Der *Archaeopteryx* war zwar kein guter Flieger, aber er konnte Bäume erklettern und herumlaufen wie ein winziger Dinosaurier. Und obwohl Vögel als Flieger nicht so erfolgreich waren wie die behaarten Pterosaurier, hatten sie auf dem Boden einen großen Vorteil. Federn sind, besonders in dichtem Gestrüpp, nicht so verletzlich wie eine Membranhaut.

Der Ginkgobaum
Die gewöhnlichsten Fossilien in den jurassischen Sandsteinen an der Küste von Yorkshire sind die Blätter des **Ginkgos** (*Abbildung*). Diese Bäume gehören zu den Nacktsamern, sind eng mit Tannen und Pinien verwandt und erreichen Höhen bis zu 30 m. Männliche Bäume tragen Kätzchen, die Sporen bilden. Diese werden vom Wind zu den weiblichen Bäumen getragen. Die Samen sind in einer fleischigen Hülle eingeschlossen, die einer gelben Kirsche ähnelt, für den Menschen aber hochgiftig ist. Der auffälligste Teil des Ginkgo sind seine fächerförmigen Blätter, die häufig teilweise gespalten sind und so den Eindruck der Zweiblättrigkeit entstehen lassen. Diesem Charakteristikum verdankt die einzige heute lebende Form *Ginkgo biloba* ihren Namen.

Im Jura waren Ginkgogewächse in Europa und Asien, im westlichen Nordamerika und in Grönland verbreitet. Zu Beginn des Tertiärs, vor 60 Millionen Jahren, waren sie nur noch in Ostasien, im nordwestlichen Amerika, in Alaska, Grönland und Westeuropa zu finden, im Pliozän allein in Mitteleuropa und Japan. Heute kommt dieser Baum frei wachsend lediglich in Teilen des östlichen Chinas vor, wurde aber in Europa und Amerika als Schmuckbaum wieder eingeführt.

Das Mesozoikum: Die Kreidezeit
(vor 135-65 Millionen Jahren)

Weiden der Kreidezeit

Während der Kreide vor 135-65 Millionen Jahren brachen die alten Kontinente auseinander und bildeten die heutigen. Zu Beginn dieser Periode schien es, als würde sich das Leben kaum verändern. In Südengland und Westeuropa gab es weite, flache Ebenen, durch die sich seichte, vielarmige Ströme schlängelten. Die Landschaft war mit riesigen Feldern von Ackerschachtelhalmen bedeckt.

In den Bächen lebten Fische, Schildkröten und Krokodile. Außerdem gab es Herden pflanzenfressender Dinosaurier. Der Ornithopode *Iguanodon* (*Abbildung*) war einer der ersten Dinosaurier, der als solcher erkannt und 1825 von Gideon Mantell korrekt als gewaltiges pflanzenfressendes Reptil beschrieben wurde.

Seine Zähne sahen aus wie eine gigantische Version der Zähne der lebenden Echse *Iguana*, und so erhielt Iguanodon seinen Namen ›Iguanazahn‹. Man entdeckte auch einen knöchernen Stachel, ähnlich dem, der bei Iguana vorn auf der Schnauze sitzt. Als 1877 vollständige Skelette in Belgien entdeckt wurden, erkannte man jedoch, daß es sich um einen Daumen handelte.

Die zahlreichen abgewetzten Zähne deuten darauf hin, daß seine Hauptnahrung Ackerschachtelhalme waren, die, auch als scheuerndes Schilf bekannt, einst zum Reinigen von Kochutensilien benutzt wurden.

›Klaue‹

1983 entdeckte man in Kreidegesteinen in Surrey, England, ein Dinosaurierskelett mit einer riesigen Klaue (**3**). 1985 wurde dieses Skelett zu Ehren seines Entdeckers *Baryonyx walkeri* (= Walkers schwere Klaue, **1**) genannt. Der Schädel war lang und schmal, und Baronyx hatte doppelt so viele Zähne wie normale fleischfressende Dinosaurier. Die erste Überlegung war, daß ›Klaue‹, wie ihn der Volksmund nannte, mit seiner riesigen Klaue Fische aus den Flüssen zog. Man glaubte ferner, der lange, schmale Schädel sei dem fischfressender Krokodile ähnlich.

1987 wurde folgende Interpretation vorgebracht: Die Klaue diente dazu, Dinosauriern wie dem *Iguanodon*

(2) die Eingeweide herauszureißen und der schmale Kopf konnte in die Körperhöhle hineingestoßen werden, um die Innereien herauszuziehen. Man betrachte ›Klaue‹ also als spezialisierten Eingeweidefresser.

Eine Reihe halbverdauter Fischgräten zeigen, daß der *Baryonyx* auch Fisch fraß, aber ein so großes Tier ernährte sich wohl kaum ausschließlich von Fisch. Mit der riesigen Klaue konnte er sicher besser andere Tiere zerreißen als Fische fangen. Wie auch immer die Antwort lautet, *Baryonyx* repräsentiert einen ganz neuen Typus fleischfressender Dinosaurier und gehört einer neuen Dinosaurierfamilie an.

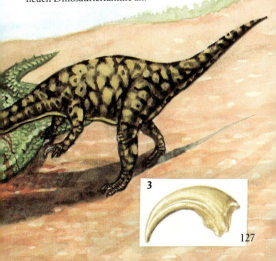

Kreidemeere

Gegen Ende des Dinosaurierzeitalters breiteten sich die Meere über viele Teile der Erde aus. Nie zuvor hatten so große Landstriche unter Wasser gelegen. Es gab ein paar verwitterte Bergketten, doch im allgemeinen war das Land flach und die Meere seicht, warm und klar.

Die häufigsten Organismen waren Algen, einzellige Pflanzen, deren Skelett aus zahlreichen winzigen ovalen Platten, den **Coccolithen** (**1**, stark vergrößert), bestand, die die kugelförmige Alge (**2**, eine deutliche Gruppe von Platten) bedeckten. Wenn eine Alge starb, sanken die kleinen Platten auf den Meeresgrund und lösten sich voneinander. Diese für das bloße Auge unsichtbaren Kalziumkarbonatplatten häuften sich in astronomischen Mengen an und bildeten die Kreide, die man überall auf der Welt findet, wie z.B. als die bekannten Kreidefelsen am englischen Kanal.

Auf dem Meeresboden lebten viele Schwammarten, deren Skelette aus winzigen Stacheln oder Kieselnadeln bestanden. Starben die Schwämme, so lösten sich diese Kieselnadeln und bildeten Kieselgel, das sich später festigte und zu Flintsteinen wurde. Die Flintsteine, die sich um Schwämme bildeten, wurden zu Hohlflinten, in denen Fossilien von winzigen Tieren aller Art gefunden wurden.

Entlang der Küste von Norfolk sieht man riesige Flintsteinringe mit einem Durchmesser von bis zu 2 m, in deren Zentrum sich ein winziger 3 mm dicker brauner Ring befindet. Diese Flintsteine, bekannt als ›Paramoudra‹, bildeten sich um eine Art Wurm, der eine bis zu 2 m lange, vertikale Röhre hatte.

Meeresschlangen

Mit der Verbreitung der Kreidemeere entwickelte sich eine neue Reptiliengruppe, die Mosasaurier. Sie stammten von den Waranechsen ab, waren aber viel länger als diese und hatten zu Paddeln verkürzte Beine. Die Kiefer dieser klassischen Meeresschlangen waren lang und mit massiven, kurzen Stummelzähnen ausgestattet. Der erste Schädel eines *Mosasaurus* wurde 1780 in Holland entdeckt. 1795 bombardierten Napoleons Truppen Maastricht, verschonten jedoch das Haus, in dem sie das Fossil vermuteten. Als sie dort ankamen, war es verschwunden. Nachdem sie aber eine Belohnung von 600 Flaschen Wein ausgesetzt hatten, tauchte das Fossil prompt wieder auf. Es wurde nach Paris gebracht, und dort kann man es heute noch besichtigen.

Seit jener Zeit fand man Mosasaurier in Nordamerika und Afrika, wie z.B. den ***Goronyosaurus*** (*Abbildung*) aus Nigeria. Ihre Hauptnahrung scheinen Fische und Cephalopoden gewesen zu sein. Es gibt eine berühmte Ammonitenschale mit mehreren kreisförmigen Löchern, von der man annimmt, daß sie von einem jungen und sicherlich unerfahrenen Mosasaurier sechzehnmal gebissen wurde.

Gegen Ende der Kreide ernährten sich einige Mosasaurier hauptsächlich von Schalentierfressern und entwickelten fast kugelförmige Mahlzähne. Diese Mosasaurier heißen *Globidens* (= Globuszahn).

Am Ende dieser Periode starben die Ammoniten und alle marinen Reptilien aus.

132

Insekten der Kreidezeit

Die zahlreichsten und fruchtbarsten Tiere auf der Erde sind die Insekten. Sie machen in der Tat sogar 75 Prozent aller Tierarten aus. Fossile Belege von Insekten sind allerdings lückenhaft, da die äußeren Bedingungen nur selten eine Konservierung begünstigen. Vielleicht liegt es aber auch daran, daß Menschen, die nicht damit rechnen, fossile Insekten zu finden, die Gesteine nicht sorgfältig genug untersuchen. 1984 wurden jedoch in Südostengland Hunderte von neuen Arten fossiler Insekten aus der Kreidezeit entdeckt, einer Zeit kurz vor der Entstehung blühender Pflanzen.

Unter ihnen waren perfekt erhaltene Reste von **Libellen** (1) und Seejungfern, die andere Insekten im Flug jagen, und viele **Kakerlaken** (2). Man fand die allerersten Termiten, *Valditermen*, mit einer basalen Flügelnaht, an der sie nach ihrem Paarungsflug ihre Flügel abwerfen, ferner **Grillen** (3), die eindeutig schon Musik machen konnten, da die Schrilladern auf dem Vorderflügel, mit denen sie ihre charakteristischen Geräusche erzeugen, erhalten geblieben sind. Bei den Käfern herrschten Grashüpfer vor, aber es gab auch Zikaden und sogar ein paar Blattläuse, ferner **Pfauenaugen** (4) mit riesigen Augenflecken, mit denen sie potentielle Raubtiere wie Libellen und Skorpionfliegen abschreckten, sowie **Käfer** (5), Dipteren oder Zweiflügler, Holzwürmer, Köcherfliegen und Wespen. Das Wichtigste an diesen Funden ist, daß sie uns einen deutlichen Eindruck von der Bandbreite des Insektenlebens geben, bevor blühende Pflanzen einen fundamentalen Wandel in diesem Leben hervorriefen.

Die ersten Blumen

Während der Kreide fand eins der wichtigsten Ereignisse in der Evolution der Pflanzenwelt statt: das Auftauchen von Blumen, das direkt an die Insektenwelt gebunden war. Blüten sind besondere Fortpflanzungsstrukturen, die nicht auf zufällige Bestäubung durch den Wind angewiesen sind. Sie werden von Insekten befruchtet, die, angezogen durch Blüten und Nektar, Pollen auf ihren Körpern lagern und so, während sie von Blüte zu Blüte fliegen, andere Blumen befruchten. Ihre Bauteile werden hier anhand der *Vahlia saxifraga* (**1**), einer Verwandten der Johannis- und Stachelbeere ge-

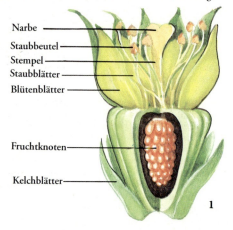

zeigt. Der *Stempel* im Zentrum der Blume ist die weibliche Struktur mit einer *Narbe* am Ende des schlanken *Stempels* und des *Fruchtknotens*. Die ihn umgebenden *Staubblätter* enden in den *Staubbeuteln*. Diese tragen den Pollen, das männliche Element. Die *Blütenblätter*, die diese Organe umgeben, bilden die *Blumenkrone* und die blattartigen *Kelchblätter* den *Blütenkelch*.

Die meisten heute lebenden Planzen, rund 220 000 Spezies, sind blühende Pflanzen, deren Ursprung immer noch nicht genau bekannt ist.

1981 entdeckte Annie Skarby die ersten dreidimensional erhaltenen Blumen, die sie **Scandianthus** (**2**), zur Steinbrechfamilie gehörend, nannte. Ihre Kelchblätter, Blütenblätter und Fruchtknoten sind im Detail erhalten. Ein Waldbrand, der über sie her gefegt war, hatte alles in Holzkohle statt in Asche verwandelt, so daß auch feine Details erhalten geblieben sind.

Panzerdinosaurier

Die Veränderungen im Pflanzenleben und die Ausbreitung der Meere waren für die Dinosaurier von großer Bedeutung. Auf den nördlichen Kontinenten entwickelten sich viele neue Typen.

Einige der Pflanzenfresser, die Ankylosaurier (= Panzerdinosaurier), die Nachfahren des *Scelidosaurus* aus dem Unteren Jura zu sein scheinen, entwickelten dicke panzerartige Knochenplatten auf ihren Körpern. Bei manchen wuchsen vertikale Stacheln aus dem Panzer, bei anderen wie dem ***Palaeoscincus*** (*Abbildung*) standen die scharfen Stacheln seitwärts vom Körper ab.

Die Ankylosaurier waren eher gedrungen, doch einige, wie der *Nodosaurus* mit seinen kleinen, rechteckigen Knochenplatten, sahen einfach nur aus, als ob sie in einem Kettenhemd steckten. Sie besaßen die entwickeltsten sekundären Knochenplatten aller Dinosaurier. Einige der frühesten Formen, wie der *Polacanthus*, der 1987 von W. Blows von der Isle of Wight beschrieben wurde, hatten eine Art Knochenlaken über ihrem Hüftgürtel, dreieckige Platten im Nacken- und Schulterbereich und vertikale Platten auf dem Schwanz.

Viele dieser Dinosaurier wogen rund 3 Tonnen, und allein dieses Gewicht garantierte ihre Sicherheit, denn kein Fleischfresser hatte die Kraft, sie auf den Rücken zu drehen. Sie werden mit Panzern verglichen und müssen unbesiegbar gewesen sein.

Die Ankylosaurier waren die einzigen Dinosaurier, die einen vollständigen knöchernen Gaumen entwickelten, der, wie bei den heutigen Säugetieren, Luft- und Speiseröhre voneinander trennte.

Ankylosaurierfunde sind selten und häufig vom Wasser ausgewaschen. Man nimmt an, daß diese Saurier im Gegensatz zu vielen anderen Dinosauriern nicht in sumpfigen, sondern in trockenen Ebenen lebten.

Dickschädler

Die als Dickschädler bekannte Dinosauriergruppe entwickelte sich aus dem kleinen, 1 m langen pflanzenfressenden Ornithopoden *Yaverlandia* von der Isle of Wight, dessen Knochen auf der Spitze des Kopfes verdickt war. Eine spätere Form, der 2 m lange *Stegoceras* aus Kanada, hatte einen kuppelförmigen Kopf mit einem Schädelknochen von 15 cm Dicke, der bei dem noch größeren **Pachycephalosaurus** (= dickschädelige Echse, *Abbildung*) 30 cm maß. Dieser hatte außerdem einen Kranz knopfartiger Auswüchse am Hinterkopf und zahlreiche Knöpfe und Stacheln auf der Schnauze und über den Augen.

Diese offensichtlich schützende Verdickung an der Spitze des Kopfes konnte nur einem Zweck dienen – das Gehirn zu schützen, wenn zwei Dickschädler ihre Köpfe senkten und zusammenstießen. Das Zusammenstoßen mit den Köpfen – heute noch bei Schafen und Ziegen zu sehen - ist ein effektives Verteidigungsmittel gegen Feinde. Vermutlich war dieses Verhalten jedoch eher bei Machtkämpfen der Dickschädler untereinander üblich. Falls diese Dinosaurier wie die meisten Ornithopoden in Herden lebten, dann konnte sich ein dominantes männliches Tier wahrscheinlich durch einen Kampf mit allen anderen Konkurrenten die Führung der Herde sichern.

Horngesichter

Während der Oberen Kreidezeit entwickelte sich auf dem kleinen Kontinent, der Ostasien und das westliche Nordamerika umfaßte, eine neue Gruppe von Dinosauriern aus kleinen Ornithopoden. Dies waren die Ceratopiden oder Horngesichter.

Der primitivste unter ihnen war der *Psittacosaurus* (= Papageien-Reptil) mit dem Hakenschnabel; ihm folgte der 2 m lange *Protoceratops* (*siehe S. 150*). Er hatte einen breiten Knochenkragen, der als Stütze für die kraftvollen Schneidezähne diente, mit denen er zähe Pflanzen abhackte. Sein Knochenkragen ließ ihn größer erscheinen und schreckte Feinde ab, schützte aber auch seinen verwundbaren Nacken.

Andere Formen entwickelten Stacheln, Hörner und Kragen. Der größte und erfolgreichste der Horngesichter war der 9 m lange *Triceratops* (*Abbildung*). Sein Kragen und seine Hörner werden als Verteidigungsmittel eines Pflanzenfressers gegen einen Fleischfresser interpretiert, und er wird oft im Kampf mit dem *Tyrannosaurus rex* (*siehe S. 148*), dem größten aller Dinosaurier, dargestellt, den er durch das Aufspießen auf seine Hörner besiegte. Auf Fossilien vom Knochenkragen des *Triceratops* wurden tatsächlich geheilte Wunden gefunden; sie stammen aber von den Hörnern eines anderen *Triceratops*.

Die Kopfdekoration der Horngesichter ist mit der von Rindern und Antilopen vergleichbar. Obwohl die Hörner nützliche Verteidigungswaffen waren, scheinen sie in erster Linie Kraftproben untereinander gedient zu haben. Außerdem ist die Vorderansicht des Kragens bei

gesenktem Kopf so furchteinflößend, daß sie sehr wohl Rivalen eingeschüchtert oder potentielle Feinde abgeschreckt haben mag.

Aus den Grundtypen entwickelten sich eine ganze Reihe verschiedener Kopfschmuckarten. *Styracosaurus* (4) hatte am Außenrand des Kragens nach hinten zeigende Stacheln, *Centrosaurus* (2) zwei gebogene Knochenvorsprünge an der Kante des Kragens, die wie Griffe zum Festhalten aussahen, jedoch nur als Zierde gedient haben können. Der Kragen des *Chasmosaurus* (1) war am Außenrand gerade, während beim *Pentaceratops* (3) um den gesamten Kragen herum kleine dreieckige Platten angebracht waren.

Alle Ceratopiden hatten Hörner und kunstvolle Kragen, die aber mit Ausnahme von denen des *Triceratops,* bei dem der Kragen auf einer festen Knochenplatte saß, nicht aus festem Knochen gebildet waren.

Man nimmt an, daß die Ceratopiden in Herden lebten. Im Dinosaurier Provincial Park in Alberta, Kanada, gibt es eine Ablagerung, die allein aus fossilen Resten von *Centrosauriern* besteht. Daraus folgerte man, daß ein Teil einer Herde beim Überqueren eines Flusses ertrunken sei. Über den ganzen Park verstreut findet man alle Arten von Dinosauriern, an dieser einen Stelle jedoch nur die *Centrosaurier*, ein wichtiger Hinweis darauf, daß sie nicht nur zusammen gestorben sind, sondern sicherlich auch zusammen gelebt haben. Die Ceratopiden gehörten zu den erfolgreichsten Pflanzenfressern der endenden Oberen Kreidezeit und entwickelten viele unterschiedliche Erscheinungsformen.

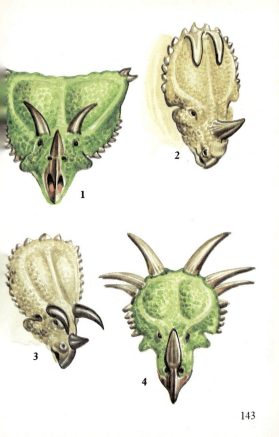

Entenschnäbler

Die erfolgreichsten aller pflanzenfressenden Dinosaurier waren die Hadrosaurier oder Entenschnäbler, große Ornithopoden mit abgeflachten Schwänzen, die durch verknöcherte Sehnen verstärkt waren. Ihre Vorderfüße waren Schwimmfüße. Obwohl sie an ein Leben im Wasser angepaßt zu sein schienen, zeigen fossile Mageninhalte, daß sie Kiefernnadeln und -zapfen fraßen. Unter den Dinosauriern waren sie diejenigen, die sich am besten von zähem Pflanzenmaterial ernähren konnten, denn sie hatten bis zu 2000 Zähne in ihrem Kiefer. Diese waren in engen parallelen Reihen angeordnet und an der Außenkante mit einer harten Emailschicht überzogen, ideal zum Zermalmen von Pflanzen. Mit ihrem Entenschnabel sammelten sie die Nahrung, und die muskulösen Wangen unterstützten den Kauprozeß.

Auffallend war die Vielzahl ihrer Kopfformen; einige von ihnen entwickelten gewaltige Kämme, die vom Schädel aus gemessen bis zu 1 m lang waren.

Die Kämme waren das Ergebnis einer Vergrößerung des Nasenknochens und der größeren Prämaxillare (Oberkieferknochen). Der gerundete Helm des *Corythosaurus* (*Abbildung*) z.B. ist aus Nasenknochen gebildet. Die Kämme umschlossen eine komplexe Faltung des Nasenganges. Dies mag den Hadrosauriern einen besseren Geruchssinn gegeben haben, der sie vor in Windrichtung nahenden Feinden warnte. Vielleicht diente dieser Hohlraum auch als Resonanzkörper, der die Hadrosaurier befähigte, einander über lange Distanzen hinweg mit lautem Grunzen und Brüllen zu rufen.

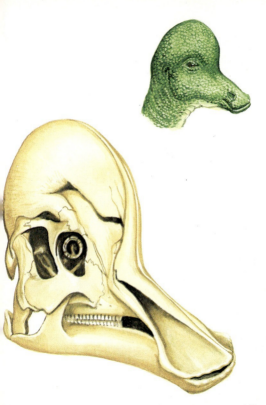

Dinosaurier-Brutstätten

Die Entdeckung, die J. Horner 1979 in Montana machte, änderte jedermanns Vorstellung von der Lebensweise der Dinosaurier grundlegend. An der Spitze eines Hügels fand er ein kreisrundes Nest von 3 m Durchmesser und 1,5 m Höhe mit einer untertassenartigen Vertiefung von 2 m Durchmesser und 75 cm Tiefe. In der Mulde befanden sich die Überreste von 11 Entenschnabeldinosauriern, direkt neben dem Nest die von 4 weiteren Individuen.

Im Unterschied zu früheren Funden von Dinosauriernestern und -brutstätten in Asien waren diese Jungen 1 m lang und ihre Zähne vom Fressen zäher Pflanzen schon reichlich abgewetzt. Daß 15 junge Dinosaurier in einer Mulde an der Spitze eines auffälligen Hügels der

Aufmerksamkeit aller vorbeikommenden Fleischfresser ausgesetzt gewesen sein sollen, ist äußerst unwahrscheinlich. Die einzige plausible Erklärung dafür ist, daß sie von Erwachsenen bewacht wurden. Deshalb nimmt man es als gegeben an, daß **Maiasaura** (= Mutterechse, *Abbildung*) und andere Hadrosaurier sich um ihre Jungen kümmerten und daß die Jungen, wie z.B. auch bei Straußen und Gänsen, ihren Müttern folgten, wenn diese auf Futtersuche gingen.

Es ist bekannt, daß auch Krokodile muldenartige Nester bauen, um dort ihre Eier abzulegen, und daß die Mütter sich nach dem Ausbrüten um die Jungen kümmern. In Montana wurden in jüngerer Zeit große gemeinsame Nestplätze und Brutstätten der Hadrosaurier zur Aufzucht ihrer Jungen entdeckt.

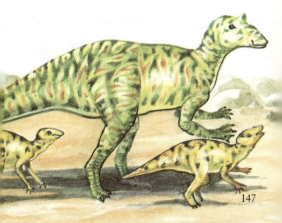

Tyrannosaurus rex *(Abbildung)*
Der 12 m lange und 6 Tonnen schwere *Tyrannosaurus rex* (= König der Tyrannenechsen) war der größte und furchteinflößendste Fleischfresser aller Zeiten. Er ging auf seinen Hinterfüßen, wobei er Rückgrat und Schwanz gerade hielt und sein Kopf auf einem beweglichen Hals wie der eines Schwans oder einer Gans thronte. Fossile Fußabdrücke zeigen, daß der *Tyrannosaurus* mit einwärts gerichteten Fußspitzen wie eine Gans watschelte, wobei sein dicker Schwanz bei jedem Schritt hin und her schwang. Er lief mit einer Geschwindigkeit von 4 oder, wenn in Eile, vielleicht 6 km pro Stunde. Das bedeutet, daß er nicht, wie in populären Filmen dargestellt, ein aktiver Jäger war, sondern eher ein Aasfresser, der sich von toten oder sterbenden Dinosauriern ernährte.

Die 15 cm langen, klingenartigen Zähne mit den gezackten Kanten glichen Steakmessern, waren also ideal geeignet für Innereien, aber nicht für lebendes Fleisch.

Seine kleinen, zweifingerigen Hände haben vielleicht dazu gedient, verfaulendes Fleisch zwischen den Zähnen herauszuziehen. Ihre Hauptfunktion war jedoch, dem *Tyrannosaurus* beim Aufstehen zu helfen. Wenn ein sitzender *Tyrannosaurus* seine gefalteten Hinterglieder streckte, mußte er, um nicht wegzurutschen, seine Hände in den Boden graben, um so seine Kraft auf den hinteren Teil seines Körpers zu übertragen.

Für seine Größe brauchte der *Tyrannosaurus* wenig Futter. Nur eine Entenschnabelechse deckte seinen Energiebedarf für ein Jahr, ein Brontosaurier brauchte dagegen drei-, der *Brachiosaurus* zehnmal soviel.

Kampf bis zum Tode

Die aktivsten Jäger unter den Dinosauriern waren diejenigen, die wie der *Deinonychus* (= Schreckensklaue, *Abbildung auf der Buchrückseite*) Klauen trugen. Sie jagten in Horden und griffen ihre Opfer mit einer enorm scharfen, sichelartigen Hinterfußklaue an. Ihre Schwanzknochen waren von je 40 Knochenstäben umgeben. Das machte den Schwanz sehr steif, und er diente als eine Art Balancierstange, die den *Deinonychus* dazu befähigte, auf seine Opfer zu springen oder auf einem Bein zu stehen, während er seine Beute auseinanderriß.

Im Verhältnis zu ihrer Körpergröße war das Gehirn der klauentragenden Dinosaurier etwa 25mal besser als das des Brontosaurus und 6mal besser als das des *Tyrannosaurus*. Sie waren fast so intelligent wie ein Strauß. Die Hauptentwicklung betraf die für die Koordination der Muskeln und für das Gleichgewicht verantwortlichen Gehirnteile.

Der einzige direkte Beweis für Kämpfe zwischen Dinosauriern kam 1971 in der Mongolei ans Tageslicht. Man fand zwei vollständige Dinosaurierskelette, die ineinander verschlungen waren. Ein junger pflanzenfressender ***Protoceratops*** (**1**) liegt auf der Seite mit seinem scharfen Schnabel in der Brust eines jungen, leicht gebauten, klauentragenden ***Velociraptor*** (= schneller Räuber, **2**), dessen Sichelklaue und Hände den Kopf des *Proceratops* umfassen. Beide unerfahrenen Individuen starben bei dem Kampf.

Diese beiden Tiere müssen, vielleicht durch einen Sandsturm, unmittelbar nach ihrem Tod begraben worden sein, sonst wären ihre Körper, als man sie 1971 entdeckte, nicht so erstaunlich gut erhalten gewesen.

Die Entdeckung der klauentragenden Dinosaurier änderte viele der alten Vorstellungen. Das Bild vom schwerfälligen, trägen Dinosaurier traf auf diese schnellen, äußerst agilen und in Horden jagenden Killer nicht zu.

Straußenähnliche Dinosaurier

Gegen Ende der Kreidezeit entwickelte sich eine Gruppe leicht gebauter, langbeiniger, aber zahnloser Fleischfresser. Sie hatten lange, aufgerichtete Hälse, kleine Köpfe mit einem großen Schnabel, hielten ihre Rücken waagerecht und hatten trotz ihrer langen, geraden Schwänze eher straußenähnliche Proportionen. Der *Struthiomimus* (= Strauß-Imitator) wurde in Alberta, Kanada gefunden, *Oviraptor* (= Eierräuber) aus der Mongolei auf einem Nest mit *Protoceratops*-Eiern, was nahelegt, daß er die Eier anderer Dinosaurier fraß.

Der *Dromiceiomimus* aus Alberta mit den größten Augen aller landlebenden Tiere war, wie viele der straußenähnlichen Dinosaurier, fähig, beide Augen auf das gleiche Objekt zu konzentrieren und es dreidimensional zu sehen. Mit den langen Fingern seiner Greifhände und seinem langen Hals konnte er kleine Tiere mit einer den Säugetieren vergleichbaren Genauigkeit fangen. Der größte, der 4 m lange ***Gallimimus*** (*Abbildung*), wurde 1972 in der Mongolei entdeckt.

Ein Wissenschaftler spekulierte, daß aus den Straußenähnlichen, wären die Dinosaurier nicht ausgestorben, vielleicht intelligente, zweibeinige, reptilartige Hominiden hätten werden können. Da ihre höher entwickelten Gehirnteile jedoch die Muskelkoordination und nicht die Intelligenz steuerten, hätten sie im Höchstfall die Stufe eines Straußes erreicht.

Eine neue Dinosaurier-Erfindung

1980 wurde ein neuer Dinosaurier in der Provinz Salta in Argentinien entdeckt und *Saltasaurus* (*Abbildung*) genannt. Er war 12 m lang, brontosaurierähnlich und einer der letzten Sauropoden. Diese wurden zuerst in Gesteinen der Oberen Trias gefunden, hatten aber ihre Blütezeit während der Jurazeit. Nur wenige Sauropoden lebten bis zur Oberen Kreide hauptsächlich auf den südlichen Kontinenten, .

Der Saltasaurus hatte im Unterschied zu anderen Sauropoden einen Knochenpanzer. Sein Rücken und die Körperseiten waren mit in die Haut eingebetteten Knochenplatten von etwa 12 cm Durchmesser bedeckt, die mit kleinen 5 mm dicken Knochenknötchen geschmückt waren. Dieser Dinosaurierpanzer war einzigartig; das Erstaunlichste ist jedoch, daß dieser Sauropode überhaupt einen Panzer hatte.

Das Grundmuster der Dinosaurierpanzer bilden wie bei heutigen Krokodilen direkt unter der Haut liegende Reihen rechteckiger Knochenplatten oder -schilder. Aus dieser gleichmäßigen Anordnung von Platten und/oder Stacheln entwickelten Dinosaurier wie der Stegosaurus (S. 109) oder der Ankylosaurus (S. 136) unterschiedliche Muster. Beim *Saltasaurus* ist das Muster jedoch unregelmäßig, eine neue Erfindung, die sich nicht von dem Grundmuster ableiten läßt. Auch die Gürteltiere erfanden einen neuen Knochenpanzer. In seiner ausdrucksreichsten Form ist er beim *Glyptodon* (S. 194) zu sehen, dessen Knochenplatten ähnlich wie beim *Saltasaurus* mit Knochenknötchen geschmückt sind.

Bezahnte Vögel der Kreidezeit

1880 veröffentlichte O.C. Marsh, Paläontologe des US Geological Survey, eine 100seitige Monographie über fossile Vögel aus der Kreide von Kansas. Kurz vor seinem Tod schrieb ihm Charles Darwin, daß diese alten Vögel der beste in den letzten 20 Jahren gefundene Beweis für die Evolutionstheorie seien. Marsh wurde später auf Druck anti-evolutionärer Politiker hin gezwungen, seine Stelle aufzugeben: ›Vögel mit Zähnen. Dafür wird euer hartverdientes Geld ausgegeben, Leute; für die dummen bezahnten Vögel irgendeines Professors.‹

Bedeutend sind diese Vögel deshalb, weil sie die Übergangsstufe zwischen dem jurassischen *Archaeopteryx* (*S. 120*) und modernen zahnlosen Vögeln bilden. Sie hatten zwar den langen Knochenschwanz verloren, ihre Reptilienzähne jedoch behalten. Hierfür beispielhaft ist der ***Ichthyornis*** (= Fischvogel, **1**), ein seeschwalbengroßer Meeresvogel.

Eine andere Art der bezahnten Vögel, der ***Hesperornis*** (= westlicher Vogel, **2**), war noch bemerkenswerter. Seine Flügel waren so winzig, daß er nicht fliegen konnte. Seine Hinterbeine waren kräftig und die Hauptwerkzeuge zum Schwimmen und Tauchen. Die Knochen seines Skeletts waren, im Unterschied zu lebenden Vögeln, nicht mit Luft gefüllt. Das wird ihm beim Tauchen geholfen haben. Ein Studium der Zehen zeigt, daß er keine Schwimmfüße hatte, sondern blätterartige Ausdehnungen der Haut. Er hatte viele Eigenschaften der Seetaucher, ist aber nicht direkt mit ihnen verwandt.

Der Ursprung der Vögel
Während der Kreidezeit vermehrten sich allmählich die Vögel auf Kosten der Pterosaurier. Vögel hatten den Pterosauriern gegenüber zwei Vorteile: Sie konnten nach der Landung ihre Flügel einklappen und wie kleine zweibeinige Dinosaurier herumlaufen, während die Pterosaurier lediglich einen unbeholfenen Watschelgang zustande brachten. Wenn der befederte Flügel eines Vogels in dichtem Gestrüpp zerrissen wird, teilt er sich, und verlorene Federn wachsen nach. Ein Riß in einer Pterosaurierhaut hingegen bedeutete den sicheren Tod.

Zuallererst kolonisierten Vögel die Umgebung von Ufern und Mündungen. Am Wasser entlang liefen kleine rallenartige Vögel wie die *Palaeotringa* (**3**), die sich

von Insekten, Pflanzen und Beeren ernährten und wahrscheinlich den nassen Schlamm nach Würmern, Arthropoden und Schalenfischen durchsuchten. *Gallornis* (**2**) filterte wahrscheinlich nach Art der Flamingos Algen aus dem Wasser. *Parascaniornis* (**1**), ein ibis- oder gansartiger Vogel mit langen Beinen, jagte wohl in seichten Gewässern nach Fischen und Amphibien.

Am Meer waren die bezahnten Vögel und der kormoranähnliche *Elopteryx* (**4**) direkte Konkurrenten der Pterosaurier, hatten ihnen gegenüber aber den Vorteil, daß sie tauchen konnten. Obwohl viele dieser modern aussehenden Vögel in anerkannte Nischen passen, ist immer noch unklar, ob sie direkt mit lebenden Vögeln verwandt waren. Wahrscheinlicher ist, daß sie Beispiele einer konvergenten Evolution sind.

Quetzelcoatlus

Bevor sich das Zeitalter der Dinosaurier seinem Ende zuneigte, waren fast alle Pterosaurier ausgestorben. Nur der gewaltige *Pteranodon*, dessen Flügelspanne 8 m maß, kreiste weiter über den Ozeanen und stürzte sich mit seinem beutelartigen Schnabel auf Fische. Ein großer, hauchdünner Kamm an seinem Hinterkopf diente als Kontrollruder.

Lange Zeit glaubte man, der *Pteranodon* habe die für ein fliegendes Tier maximale Größe erreicht. 1975 fand man jedoch in Texas Reste eines noch viel größeren Pterosauriers, dessen Flügelspanne 10 m maß: den **Quetzelcoatlus** (*Abbildung*), benannt nach dem mittelamerikanischen gefiederten Schlangengott Quetzalcoatl. Er hatte einen sehr langen Hals und einen langen, schmalen Schnabel und wird nun einer neuen Familie von Pterosauriern, den Azhdarchiden (abgeleitet von dem usbekischen Wort für Schwert), zugeordnet.

Neuere Studien zeigen, daß *Quetzelcoatlus* seinen Hals nur auf und ab bewegen konnte und dadurch darauf spezialisiert war, nach Fischen zu schnappen. Ursprünglich dachte man, *Quetzelcoatlus* sei ein geierartiger Aasfresser, der über die Prärie flog und sich von toten Dinosauriern ernährte, aber diese eingeschränkte Halsbewegung machte eine solche Lebensweise unmöglich.

Vor kurzem entdeckte man in versteinerten Wäldern die Reste von Baby-Pterosauriern in unmittelbarer Nähe von Baumstämmen. Das läßt vermuten, daß die Pterosaurier ihre Nester in den Bäumen hatten, die Jungvögel häufig aus ihnen herausfielen und dann in den Mangrovensümpfen ertranken.

Nachtsäugetiere

Die ersten echten Säugetiere wurden in 190 Millionen Jahre alten triassischen Gesteinen in Südwales, China, Nordamerika und Südafrika gefunden. Sie lebten während des Zeitalters der Dinosaurier, also bis vor 65 Millionen Jahren, als Nachttiere. Die Säugetiere waren zunächst Insektenfresser, deren Backenzähne mit den spitzen Höckern hervorragend für das Knacken von Käferschalen geeignet waren.

Manche von ihnen entwickelten auch meißelartige Schneidezähne und füllten die heute von den Nagetieren besetzte Nische der Nager und Knabberer. Viele der Pflanzenfresser, Vorfahren der meisten heutigen pflanzenfressenden Säugetiere, lebten im Unterholz.

Die Beuteltiere waren durch die Beutelratten vertreten, die sich sowohl von Tieren als auch von Pflanzen ernährten. Die anderen unspezialisierten Säugetiere waren Insektenfresser und scheinen die Vorfahren der modernen Insekten- wie auch Fleischfresser gewesen zu sein. Gegen Ende der Kreidezeit, vor 65 Millionen Jahren, tauchte der erste Primate **Purgatorius** (*Abbildung*) auf, genannt nach dem Purgatory Hill in Montana. Man erkannte ihn als solchen an seinen Backenzahnkronen. Er unterschied sich kaum von dem lebenden Spitzhörnchen, dem primitivsten Mitglied der Primaten, jener Säugetierordnung, zu der auch wir gehören.

Die warmblütigen Säugetiere waren nachts aktiv, wenn Reptilien von vergleichbarer Größe träge wurden. Ihre einzigen Feinde waren die straußenähnlichen Dinosaurier, von denen sie nach Einbruch der Dunkelheit gejagt wurden.

Das Aussterben der Dinosaurier: Knall oder Gewinsel?

Am Ende der Kreidezeit vor 65 Millionen Jahren starben die Dinosaurier aus. Dieses Massensterben stellt die Wissenschaft heute noch vor ein Rätsel. 1980 glaubte Luis Alvarez jedoch, das Geheimnis gelöst zu haben. Das Ende des Dinosaurierzeitalters ist in den Gesteinen vor allem durch eine mit Iridium angereicherte Lehmschicht gekennzeichnet. Diese Iridiumkonzentration schien mit der in Meteoriten gefundenen vergleichbar zu sein. Alvarez berechnete, daß die Lehmablagerung von einem auf die Erde aufgeschlagenen Meteoriten mit einem Durchmesser von 15 km hervorgerufen worden sein könnte, und er vermutete, daß der durch den Aufprall aufgewirbelte Staub die Sonne für drei oder vier Jah-

re verfinsterte, unabhängig davon, ob der Meteorit im Meer oder auf dem Lande eingeschlagen sei.

Wenn Alvarez recht hat, dann starb dadurch das Pflanzenleben aus und die Pflanzenfresser und die sie jagenden Fleischfresser verhungerten. Auf diese Art und Weise wären die riesigen Dinosaurier ausgestorben, aber kleine Säugetiere, Vögel und viele Tiere, die weniger als 60 kg wogen, hätten diese Krise überlebt.

Da es keinen Beweis für einen Meteoriteneinschlag auf dem Lande gibt, nimmt man an, daß er möglicherweise in den Ozean stürzte und riesige Flutwellen hervorrief, die niedrig gelegene Kontinente überschwemmten und eine furchtbare Verwüstung anrichteten. Inzwischen gibt es Hinweise darauf, daß sich wilde Feuer über die

Erde ausbreiteten, die ebenfalls Folge eines Meteoriteneinschlags gewesen sein könnten.

Am Ende der Kreidezeit starben viele Organismengruppen aus: winzige Tiere und Pflanzen, die die Oberflächenwasser der Ozeane bewohnten, die Ammoniten, Plesiosaurier und Mosasaurier in den Meeren, die riesigen Pterosaurier in den Lüften und viele landlebende Pflanzenarten, primitive Säugetiere und auch die Dinosaurier.

Aufgrund sorgfältiger Datierungen weiß man, daß die Tiere nicht alle gleichzeitig starben, sondern zwischen dem Aussterben einzelner Tierarten bis zu 100 000 Jahre lagen.

Andere Tiere waren von diesem Massensterben überhaupt nicht betroffen: Vögel in der Luft, Echsen, Schildkröten, Krokodile, Insektenfresser, pflanzenfressende Säugetiere und blühende Pflanzen an Land sowie Tinten-, Kuttel- und andere Meeresfische.

Das Aussterben der Dinosaurier begann 5 Millionen Jahre vor dem Ende der Kreidezeit. Rund 300 000 Jahre vor ihrem endgültigen Niedergang beschleunigte sich dieser Prozeß, so daß schließlich nur noch zwölf Spezies übrig waren, die zu acht Gruppen gehörten: *Ankylosaurier* (1), *Tyrannosaurier* (2), *Hypsilophodonten* (3), *Knochenschädler* (4), *Entenschnäbler* (5), *straußenähnliche Dinosaurier* (6), *Triceratopiden* (7) und ein *Klauendinosaurier* (8).

Das große Sterben ereignete sich nicht plötzlich, sondern vollzog sich über mehrere Millionen Jahre. Der iridiumreiche Lehm stammte wahrscheinlich von Vulkanausbrüchen.

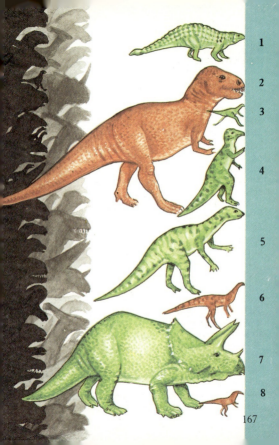

Das Tertiär
(vor 65-1,6 Millionen Jahren)

Der Anbruch des Säugetierzeitalters
Nach dem endgültigen Verschwinden der Dinosaurier standen die Säugetiere einer Welt mit vielen leeren Nischen gegenüber, die darauf warteten, besetzt zu werden. Während des Paläozäns (vor 65-5,3 Millionen Jahren) entwickelten sich aus den primitiven Pflanzenfressern wie dem *Meniscotherium* (**2**), der Klauen und einen schweren Schwanz hatte, mehrere spezialisierte Formen, u.a. der gedrungene, schwergebaute *Coryphodon* mit seinen flußpferdähnlichen Proportionen und der laufende *Phenacodus*. Viele Säugetiere lebten im Unterholz der Wälder und auf den Bäumen. Eine Gruppe, die *Planetotheria*, wurde zu Gleitern. Aus den primitiven insektenfressenden Säugetieren entwickelten sich kleine, schlanke Fleischfresser, die Hyaenodonten, und aus den primitiven Pflanzenfressern eine hundeartige Gruppe, die Mesonychiden.

Fleischfressende Vögel
Unter den Säugetieren gab es keine großen Raubtiere, diese Rolle übernahmen riesige, nichtfliegende, fleischfressende Vögel. Sie waren ungefähr 2 m groß, hatten die Kopfgröße heutiger Pferde, große, gebogene Schnäbel und kräftige Klauen an ihren Füßen. *Diatryma* (**1**) war das wichtigste Raubtier zu Beginn des Säugetierzeitalters. Der wichtigste Fleischfresser Südamerikas, das vom Rest der Welt abgeschnitten war, war der

169

schnelle Läufer *Phorusrhacos*, ein weiterer riesiger, nichtfliegender Vogel mit einem stärker gebogenen Schnabel und längeren, dünneren Beinen.

Die tropischen Wälder Europas
Zu Beginn des Eozäns, vor 53-27 Millionen Jahren, hatten fleischfressende Säugetiere den Platz der riesigen fleischfressenden Vögel eingenommen. Das Leben auf dem Land spielte sich vor allem in den tropischen Wäldern ab, die weite Teile Europas bedeckten. In der Themsemündung, im Londoner Ton, sind unzählige Fossilien von Pflanzen, Früchten und Blättern erhalten.

Die wichtigsten Pflanzen waren Mangroven und Palmen, aber in den trockeneren Regionen gab es viele andere uns bekannte Pflanzenarten: z.B. *Uvaria* (**1**), den schuppigen Flaschenbaum, der heute in Afrika und im tropischen Asien zu Hause ist, *Magnolia* (**2**), die primitivste der lebenden blühenden Pflanzen, *Hibbertia* (**3**), die man nur noch in Madagaskar, Australien und Ozeanien findet, die gefranste Rose *Oncobia* (**4**), die zur Rosenfamilie gehörende Brombeere *Rubus* (**5**), die farnartige *Sabalpalme* (**6**) sowie viele Eichen, Eschen, Pappeln, Ahorne, Weiden, Birken, Brotfrucht- und Feigenbäume.

In Messel, Deutschland, gibt es eine einzigartige Seeablagerung, in der Blumen, Blätter, Früchte und Pollen im Detail erhalten sind. Man fand über 50 Blumenarten, und außer einem Walnußbaumkätzchen waren alle Blumen von Insekten befruchtet. Um diesen See herum wuchsen Lorbeer, Zaubernuß, Myrten, Seidenwolle, Hornstrauch, Weinreben, Immergrün und Oleander.

5

Messel

Die aus dem Eozän stammende fossile Ablagerung in der Grube Messel bei Darmstadt ist eine der bedeutendsten in der Welt, weil man dort die Vorfahren vieler lebender Säugetiergruppen finden kann. Was Messel darüber hinaus einzigartig macht, ist die Art und Weise, in der die Fossilien erhalten sind. Die Ausgrabungen brachten zahlreiche unversehrte Skelette von Vögeln und Fledermäusen zutage. Das Sensationelle dabei ist jedoch, daß sogar das Federkleid der Vögel noch intakt ist und im Fall der Fledermäuse die Flügelmembran und die langen Ohren im Detail erhalten sind. Die zahlreichsten Fossilien sind die fliegender Tiere: Insekten, Vögel und Fledermäuse. Es ist anzunehmen, daß sie beim Flug durch freigesetzte Gase wie Kohlendioxid erstickt und dann in den See gefallen sind. Ihre Federn und Häute sind als Bakterienfilme erhalten.

Messel ist, abgesehen davon, daß die Funde so gut erhalten sind, auch noch bemerkenswert für seine seltenen Säugetierfossilien, zu denen die frühesten Belege vieler Gruppen gehören.

1978 wurde das erste bekannte Steppenschuppentier *Eomanis* (**1**) gefunden und 1981 der erste Ameisenfresser *Eurotamandua* (**2**), der zu einer Säugetierart gehört, die man bis zu seiner Entdeckung in Messel nur aus Südafrika kannte. Die Tiere lagen auf der Seite, und alle ihre Skelettknochen waren perfekt erhalten.

Pferde, die an den Rand des Wassers kamen, um dort zu trinken, dann erstickten und zusammenbrachen, gehören ebenfalls zu den spektakulären Fossilien, die in

173

Messel gefunden wurden (**1**). Bei einem Skelett fand man im Mutterleib ein voll ausgebildetes Fohlen, dessen Körperformen deutlich erkennbar sind, bei anderen Fossilien ist die Pferdemähne erhalten, die von der Augenregion aus bis hinab auf die Schulter verläuft. Der dünne Schwanz hatte ein borstiges, bürstenartiges Ende, entsprachen also überhaupt nicht dem heutigen Erscheinungsbild eines Pferdeschwanzes.

Dieses frühe Pferd, genannt *Propalaeotherium* (**2**), war ungefähr 40 cm groß und lebte in den Wäldern. Der Struktur seiner Füße zufolge – es hatte 4 Zehen an den Vorder- und nur 3 an den Hinterfüßen – war es an einen weichen Untergrund gewöhnt.

Die gerundeten Höcker auf den Backenzähnen verleiteten Wissenschaftler zu dem Schluß, die frühen Pferde seien Weidetiere gewesen, die sich von Blättern ernährten. Bei den Pferden von Messel fand man in den Mägen eine Menge von Pflanzenresten. Als man diese unter einem Mikroskop genau betrachtete, entdeckte man kleine Atemlöcher, Stomata, die die Unterseite von Blättern kennzeichnen. Messel lieferte daher einen Beleg für die Ernährungsweise der frühen Pferde.

Die Entwicklung von Pferden

Die fossile Geschichte des Pferdes ist eines der klassischen Dokumente der Evolution. Vom hundegroßen, vierzehigen, weidenden *Hyracotherium* aus dem eozänen Londoner Ton und vom *Propalaeotherium* aus Messel bis zum heute lebenden Pferd *Equus* betraf die Entwicklung der Pferde im wesentlichen zwei Bereiche: die allmähliche Zunahme der Körpergröße sowie die Redu-

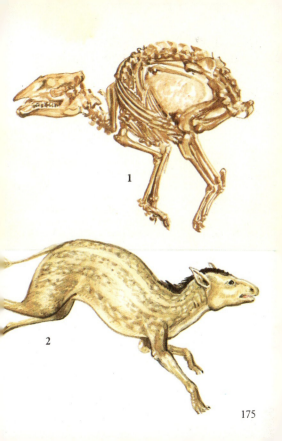

zierung der Knochen zwischen Knöcheln, Fußgelenken und Zehen. Ihre Beine wurden verhältnismäßig lang, und die entwickelteren Pferde rannten auf ihren Fußspitzen. Die Zähne hatten nicht mehr nur ein paar gerundete Höcker, sondern eine zum Kauen geeignete Oberfläche und lange offene Wurzeln, die weiteres Wachstum ermöglichten.

Weiterhin wurden sie fähig, auf festem Grund schnell zu rennen, und fraßen nun Gras anstelle von Blättern.

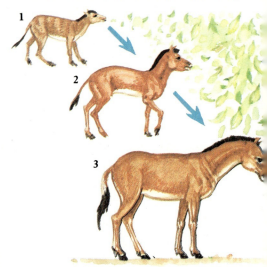

Die neuen Gräser erschienen zuerst im Oligozän (vor 27-23 Millionen Jahren), hatten sich aber bis zum Miozän (vor 25-5,3 Millionen Jahren) weltweit verbreitet. Gras enthält Kieselsäure, eine Substanz, die auch in Sand und Glas enthalten ist und die Zähne sehr wirkungsvoll abwetzt.

Am Ende des letzten Jahrhunderts entdeckte man, daß die Pferde aus Nordamerika stammen und daß es eine Reihe von Wanderungen von Amerika nach Asien und Europa über die Bering-Landbrücke gab. Die Hauptstufen der Evolution der Pferde werden durch die Blattfresser *Hyraotherium* (**1**) aus dem Eozän, *Mesohippus* (**2**) aus dem Oligozän und *Merychippus* (**3**) aus dem Miozän repräsentiert. Im Pliozän (vor 5,3-1,6 Millionen Jahren) taucht dann der erste Grasfresser *Pliohippus* (**4**) auf.

Chalicotheren

Während des Eozäns und des Oligozäns vor 53 bis 23 Millionen Jahren gab es drei Hauptgruppen von Unpaarhufern: Pferde, Tapire und Nashörner. Alle drei entwickelten spezialisierte Laufformen mit ähnlichen Proportionen. Aus den Pferden gingen jedoch die Chalicotheren (= kleine Steintiere) hervor, die eine so merkwürdige Merkmalsmischung aufwiesen, daß sie das Studium fossiler Wirbeltiere beinahe sabotiert hätten. Der Naturforscher Baron George von Cuvier (1769-1832) schlug ein fundamentales Gesetz über die Wechselbeziehung von Körperteilen vor, demzufolge Hufe stets mit den Schleifzähnen eines Pflanzenfressers und scharfe Klauen mit den Schneidezähnen eines Fleischfressers auftreten.

Die Chalicotheren wie *Chalicotherium* (*Abbildung*) aber hatten zwar einen pferdeartigen Kopf, jedoch drei große Klauen an ihren Füßen; nach Cuvier eine unmögliche Kombination. Die scharfen Klauen an ihren Händen konnten in einem weiten Bogen geschwungen werden und waren sicherlich einwärts gerichtet, da diese Tiere auf ihren Fingerknöcheln zu gehen schienen. Niemand weiß, wozu die Chalicotheren spezialisiert waren, aber sie überlebten ungefähr 50 Millionen Jahre. Ihr letzter Vertreter starb vor 1 Million Jahren in Afrika.

In Südamerika entwickelte die mit Klauen ausgestattete Säugetiergruppe der *Homalodotheria* relativ unabhängig alle Hauptcharakteristika der Chalicotheren und war an die gleiche, uns bislang unverständliche, spezialisierte Lebensweise angepaßt.

Nashörner

Zu Beginn des Zeitalters der Säugetiere waren die Unpaarhufer die wichtigsten Pflanzenfresser. Alle frühen Pferde, Tapire und Nashörner waren kleine, in den Wäldern lebende Weidetiere, die sich, abgesehen von Kleinigkeiten bei den Zähnen, kaum voneinander unterschieden. Die frühen Nashörner mit den spindeldürren Beinen waren als die rennenden Rhinos bekannt. Ein Zweig, die Amynodonten, wurde sehr flußpferdähnlich und nach und nach durch die echten Flußpferde ersetzt.

Während des Oligozäns (vor 27-23 Millionen Jahren) entwickelten sich in Asien gigantische hornlose Nashörner, deren Reste vom Kaukasus über Zentralasien bis hin nach China verstreut sind. *Indricotherium* (*Abbildung*), das größte aller bekannten Landsäugetiere, maß bis zur Schulter 5,5 m und wog 30 Tonnen, dreimal so viel wie der Sauropode *Diplodocus*.

Während des Miozäns (vor 23-5,3 Millionen Jahren) breiteten sich in schwer gebauten Nashörner über Nordamerika, Asien und Afrika aus, und viele entwickelten Hörner aus verfilzten Haaren. Diese Hörner sind zwar nicht erhalten, aber hart gewordene knöcherne Klumpen auf den Schnauzen zeigen, wo sie gebildet wurden. Heute leben nur noch 5 Spezies, aber während der Eiszeiten des Pliozäns gedieh das wollhaarige Nashorn *Coelodonta*, und im südlichen Rußland lebte *Elasmotherium* mit einem 2 m langen Horn.

Die intelligenten Jäger

Eine der wichtigsten Veränderungen im Zeitalter der Säugetiere war die Verbreitung des Graslandes. Während des Miozäns (vor 23-5,3 Millionen Jahren) begannen Pferde und Antilopen, sich von Gras zu ernähren und leichtfüßig zu werden. Das offene Grasland machte es den Fleischfressern schwer, sich ungesehen ihrer Beute zu nähern. Um Erfolg zu haben, mußten sie ihre Intelligenz einsetzen. Und so entwickelten iltisartige, in den Bäumen lebende Formen zwei charakteristische Jagdstrategien.

Stechende und beißende Katzen

Die Katzen entwickelten Listigkeit und Schläue, schlichen sich erst vorsichtig an ihre Opfer heran und stürzten sich dann auf sie. Katzen sind die spezialisiertesten Fleischfresser, deren klingenartige Schneidezähne sich hervorragend dazu eignen, Fleisch von den Knochen zu schnetzeln. Sie haben außerdem kräftige Vorderglieder, mit denen sie ihre Opfer leicht zu Boden zwingen können.

Es gab zwei unterschiedliche Arten, ein Opfer zu töten: es nach Art lebender Katzen in den Nacken zu beißen oder es mit stark verlängerten messerartigen Eckzähnen zu erstechen. Die stechenden Säbelzahnkatzen griffen große, langsame Tiere wie Elefanten und Mammute an. Die allerersten Katzen gab es im Oligozän (vor 27-23 Millionen Jahren). Zu ihnen gehörte der Säbelzahn *Eusmilus* (**1**) und die beißende Katze *Nimravus* (**2**). Fossilien geben Zeugnis von Kämpfen zwischen diesen Gattungen ab, denn an den Nasennebenhöhlen von *Nimravus* fand man geheilte Wunden, die von den Eckzähnen des *Eusmilus* stammten.

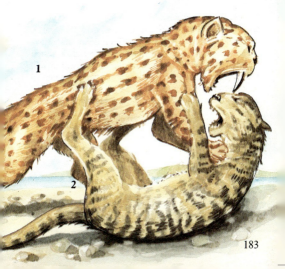

Laufende Hunde

Die zweite Gruppe von Fleischfressern, die erfolgreich auf offenem Grasland jagte, waren die Hunde. Die Knochen ihrer Vorderpfoten wuchsen zusammen, so daß sie sie im Unterschied zu Katzen, die sehr wendige Pfoten haben (man beobachte nur eine Katze mit einem Wollknäuel oder einer Maus), nicht drehen konnten. Solch steife Pfoten waren eher dazu geeignet, auf festem Untergrund zu laufen. Skelette des heutigen Hundes *Canis* sind aus pliozänen Gesteinen Europas bekannt, aber die ersten Hunde gab es bereits im Oligozän von Nordamerika.

Der Erfolg von Hunden basiert auf ihrem hohen Intelligenzgrad, der dazu geführt hat, daß sie in Rudeln unter einem Führer jagen oder sich an der Art und Weise zeigt, wie sie sich an andere intelligente Jagdtiere, wie z.B. den Menschen, anpassen können.

Eine Hundemeute sucht sich aus einer pflanzenfressenden Herde ein bestimmtes Opfer aus, häufig ein langsameres oder lahmes Tier, das dann von der Herde isoliert und so lange hin und her getrieben wird, bis seine Kräfte nachlassen. Dann umzingeln die Hunde ihr Opfer, zwingen es mit vereinten Kräften zu Boden und rei-

ßen ihm den Unterbauch auf. Der Austritt der Eingeweide führt zu einem schnellen Tod.

Während des Miozäns entwickelten sich die Osteoboren, eine Gruppe hyänenartiger, aasfressender Hunde. Bevor sich die Bären, Nachfahren europäischer Hunde, in den amerikanischen Ländern ausbreiteten, lebten in Nordamerika die Amphicyoniden oder Bärenhunde, die hundeartige Köpfe und bärenartige Körper hatten. Aus ihnen ging der Riesenpanda hervor und aus der Gruppe der Waschbären ein gewaltiger vorgeschichtlicher südamerikanischer ›Panda‹.

Wale

Nachdem marine Reptilien wie die Mosasaurier, Ichthyosaurier und Plesiosaurier am Ende des Dinosaurierzeitalters ausgestorben waren, kehrten die Säugetiere in die Meere zurück. Der erste fossile Wal stammt vom Beginn des Eozäns vor 53 Millionen Jahren. Es ist ein *Pakicetus* (*Abbildung*) aus Pakistan. Seine Zähne zeigen, daß Wale von den hundeartigen mesonychiden Condylarthen abstammen. Damals gab es zwei gegensätzliche Typen: den 20 m langen *Basilosaurus*, der einen kleinen Kopf hatte und sich wahrscheinlich von Tintenfisch ernährte, und den 2,5 m kleinen delphinförmigen Fischfresser *Pappocetus*.

Der Basilosaurus hatte die Proportionen eines Mosasaurus, der Pappocetus die eines Ichthyosaurus. Aus diesen alten Walen entwickelten sich die modernen bezahnten Wale und Delphine. Der erste Wal, der Walknochen anstatt Zähne hatte, war der *Mauicetus* aus dem Oligozän von Neuseeland. Die Barten, Plättchen mineralisierter Haare, die im Gaumen hingen, filterten Krill, also garnelenartige Schalentiere, aus dem Wasser. Die Bartenwale gipfelten in dem 130 Tonnen schweren Blauwal.

Noch andere Säugetiere kehrten in die Meere zurück: Aus der Hundegruppe entwickelten sich die Seelöwen und die schalentierfressenden Walrösser, aus der Iltisgruppe der miozäne *Potomotherium*, Vorfahre der echten Seehunde.

Riesenhirsche

Gegen Ende des Oligozäns vor 23 Millionen Jahren nahm die Zahl der unpaarhufigen Säuger, eingeschlossen Pferde und Nashörner, ab. Jetzt waren die Paarhufer auf dem Vormarsch. Zu den primitiveren Formen gehörten die Schweine, aus denen die Flußpferde hervorgingen, und zu den entwickelteren die Wiederkäuer, die eine neue Strategie entwarfen, um mit zähem Pflanzenmaterial fertig zu werden. Ihre Zähne scheinen nicht gut geeignet gewesen zu sein, Gras zu fressen. Sie entwickelten jedoch einen getrennten Magen oder Pansen, in dem Bakterien und einzellige Organismen mit Schleim vermischt Pflanzenmaterial abbauen, das dann als unverdautes Futter hochgebracht, wiedergekäut und schließlich in den normalen Magen hinuntergeschluckt wird.

Im Miozän tauchten die ersten Hirsche auf. Sie hatten riesige Geweihe, die sie bei Machtkämpfen untereinander einsetzten, aber einmal pro Jahr abwarfen und wieder neu wachsen ließen. Das größte Geweih mit einer Spanne von 3,7 m und einem Gewicht von rund 45 kg hatte der irische Elch **Megaloceras** (*Abbildung*). Lange Zeit glaubte man, daß solch mächtige Geweihe allein dazu dienten, Rivalen einzuschüchtern. 1987 aber zeigte eine Studie der Mikrostruktur ihrer Knochen, daß die Hirsche sie zum Kämpfen benutzten.

Hirsche und Sprossenhörner

Der Kopfschmuck nordamerikanischer Hirsche wies eine große Stilvielfalt auf. *Procranioceras* (1) hatte drei kleine, verzweigte Geweihe an der Spitze eines knöchernen Stirnbeins; der zur primitivsten Gruppe der Hirsche gehörende *Syndyoceras* (4) vier unverzweigte Geweihe.

Eine Wende in der Geschichte der Wiederkäuer stellte die Entwicklung einer Hornscheide (also eines Hornüberzugs) über den knöchernen Auswüchsen dar. Das lebende Sprossenhorn von Nordamerika hat eine hornige Bedeckung, die jedes Jahr abgeworfen wird. Während des Miozäns gab es eine große Vielfalt von Sprossenhörnern, von denen einige, wie *Hexameryx* (3) aus Florida, sechs Hörner hatten.

Im Miozän von Italien tauchte der *Hoplitomeryx* (2), ein kleiner Wiederkäuer mit langen, stoßenden Eckzähnen und fünf knöchernen Auswüchsen auf. Man weiß nicht, ob diese von Horn bedeckt waren oder jährlich wie Geweihe abgeworfen wurden. In Frankreich, Afrika und der Mongolei fand man die knöchernen Hornkerne gazellenartiger Antilopen, die ihre Hornscheiden niemals abwarfen. Sie waren die ersten Hornträger, die höchstentwickelten aller Wiederkäuer und die Vorfahren von Rindern und Schafen. In Afrika und Asien entwickelte sich eine Vielzahl von Formen, und auch heute noch gibt es auf den Grasflächen von Ostafrika viele Antilopenarten, Schafe und Rinder.

Die Pflanzenfresser hatten sehr ausgeprägte Futtervorlieben; die heutigen Bedingungen in Ostafrika repräsentieren eine Art vorgeschichtliches Ökosystem.

191

Der Bison

Vor rund 5 Millionen Jahren vermehrten sich die Hornträger plötzlich gewaltig. Aus Asien sind 50 Stämme bekannt, aus Europa 20 und aus Afrika 12. Neben den Vorfahren moderner Rinder, den Antilopen aus Ostafrika, gab es das, noch heute in Indien lebende, Nilgau und Gemsen, die Vorfahren von Schafen und Ziegen.

Gegen Ende des Pleistozäns (vor 1,6 Millionen Jahren) kamen Rinder, Dickhornschafe und Moschusochsen aus Asien über die Bering-Landbrücke nach Nordafrika. Die Rinder, die die nordamerikanischen Ebenen erreichten, waren das *Bison antiquus* (**1**) und das weniger bekannte, langhörnige *Bison latifrons* (**2**).

Dickhornschafe und die überlebenden Sprossenhörner bevölkerten die gebirgigeren, Moschusochsen und Elche die kälteren arktischen Regionen.

Der Bison beherrschte die nordamerikanischen Ebenen, und alle anderen pflanzenfressenden Huftiere, selbst das Pferd, das 50 Millionen Jahre in Nordamerika gelebt hatte, starben aus.

Es entwickelte sich eine neue evolutionäre Strategie: Nur wenige, sehr anpassungsfähige Tierarten herrschten vor, nämlich jene, die nicht mehr auf eine bestimmte Nahrung spezialisiert waren, sondern fast alle Pflanzenarten fressen konnten. Dies war deswegen so wichtig, weil sich das Weltklima änderte und es kälter wurde. Die jahreszeitlich bedingten Veränderungen im Pflanzenleben bewirkten, daß die Pflanzenfresser es sich nicht leisten konnten, wählerisch zu sein. So entwickelten sich die unspezialisierten Futtertiere: Rinder, Schafe und Ziegen.

Südamerikanische Säugetiere
Fast während des gesamten Zeitalters der Säugetiere war Südamerika vom Rest der Welt abgeschnitten. Es gab eine Reihe primitiver Säugetiergruppen, von denen einige aus dem europäischen Eozän von Messel bekannt sind. Aus ihnen entwickelten sich viele unterschiedliche Arten, die in jeweils speziellen Umgebungen lebten und ihren nichtverwandten Artgenossen, die unter ähnlichen Bedingungen in anderen Erdteilen lebten, sehr ähnlich sahen.

Es gab drei Arten von Säugetieren, die nur in Südamerika zu existieren schienen: Ameisenbären, Faultiere und Gürteltiere. Riesige bodenlebende Faultiere (*siehe* S. 228) gab es bis vor 11 000 Jahren. Als jedoch Nord- und Südamerika während des Pliozäns (vor 5,3-1,6 Millionen Jahren) wiedervereint wurden, wanderten diese Tiere bis nach Alaska hoch. 1799 beschrieb Thomas Jefferson die ersten Funde aus Nordamerika als *Megalonyx* (= riesige Klaue). Der erste fossile Ameisenbär wurde in Europa entdeckt (*siehe* S. 172f.) und das erste Gürteltier *Utaetus* in Nordamerika.

Ein Hauptzweig der Gürteltiere gipfelte im 3,3 m langen und 1,5 m großen, gepanzerten **Glyptodon** (*Abbildung*), der auf den Grasflächen Südamerikas weidete und später nach Nordamerika gelangte. Sein steifer Knochenpanzer diente als Schutz, sein Schwanz war eine gefährliche Verteidigungswaffe.

Es war die eindeutige Verwandtschaft der bodenlebenden Faultiere mit den heutigen baumlebenden Faultieren und der Glyptodonten mit den Gürteltieren, die Charles Darwin zuerst erkennen ließ, daß die lebenden

Formen mit den verschiedenen ausgestorbenen Formen verwandt sind und sich die Spezies über Millionen von Jahren verändert haben, also eine Evolution stattgefunden haben muß.

Die konvergente Evolution der Säugetiere
Die Isolierung Südamerikas vom Rest der Welt ermöglichte eine Art Evolutionsexperiment unter den Säugetieren.

Aus den primitiven Pflanzenfressern entwickelten sich eine schnellaufende kamel- oder lamaartige und eine kleine pferdeartige Gruppe, die in dem einzehigen *Thoatherium* (1) gipfelte. Zu den Toxodonten, einer nashornartigen Gruppe, gehörten, wie in anderen Teilen der Welt auch, sowohl die schwergebauten als auch die kleinen rennenden Formen. Es gab sogar hochspezialisierte Toxodonten mit Klauen, die die Nische der Chalicotheren (*siehe S. 178*) ausfüllten.

Die Astrapotheren führten das Leben von Flußpferden, die Pyrotheren glichen eher den Elefanten. Es gab nagetierartige Typotheren und kaninchenartige Hegetotheren. Obwohl sie den Säugetieren aus anderen Erdteilen glichen, waren sie nicht direkt mit diesen verwandt, sondern entwickelten, als sie sich an

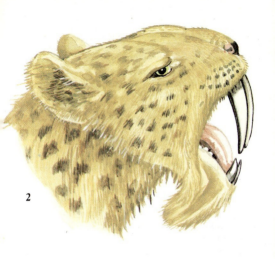

vergleichbare Lebensweisen anpaßten, konvergente Strukturen.

Die einzigen Fleischfresser Südamerikas waren die Beuteltiere, die wichtigsten Insektenfresser die spitzmausähnlichen Caenolestiden, die heute noch in den Anden zu finden sind. Es gab auch hyänenartige Formen, aber am gefährlichsten war die beuteltierartige stoßende Katze *Thylacosmilus* (**2**) aus dem Miozän und Pliozän von Patagonien. Dieses Säbelzahntier jagte große Faultiere und Toxodonten und füllte die ökologische Nische der Säbelzahntiger.

Eierlegende Säugetiere aus Australien
Die primitivsten Säugetiere sind die eierlegenden, stacheligen Ameisenfresser und die entenschnabeligen Schnabeltiere. In vieler Hinsicht stellen sie ein Bindeglied zwischen Reptilien und Säugetieren dar, sind aber behaart und können Milch produzieren. Diese wird durch spezielle Drüsen in der Haut ausgeschieden. Es gibt weder Brüste noch Brustwarzen. Die Jungen lecken die Milchtropfen einfach vom Fell. Diese Säugetiere sind nur aus Australien und Ozeanien bekannt, und bis vor kurzem gab es keine fossilen Funde, die von ihrer prähistorischen Existenz hätten zeugen können.

1984 wurden die Reste eines eierlegenden Säugetieres in 100 Millionen Jahre alten Kreidegesteinen in Neusüdwales gefunden. Bis dahin war nur das *Obdurodon* (**1**), ein bezahntes, entenschnabeliges Schnabeltier aus Südaustralien bekannt, das 1975 in 15 Millionen Jahre alten miozänen Gesteinen entdeckt wurde.

1

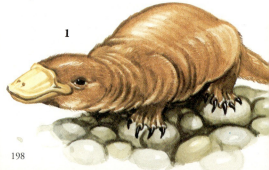

Das lebende Schnabeltier hat einen längeren Schnabel, aber keine Zähne. Zwar bilden sich bei den Jungen Zähne aus, diese fallen aber rasch aus.

Die lebenden Schnabeligel ernähren sich von Ameisen und Termiten, aber die Bergform *Zaglossus* (**3**), die in Neuguinea lebt, frißt hauptsächlich auf Waldböden lebende Würmer. In Neusüdwales und Westaustralien fand man den *Riesenzaglossus* (**2**) aus dem Pliozän (vor 5,3–1,6 Millionen Jahren), der noch bis vor 20 000 Jahren in Tasmanien lebte. Er konnte sicherlich größere Tiere als Ameisen fressen und grub wahrscheinlich mit seinen kräftigen Vorderfüßen nach Käfern, Larven und Würmern im Boden und in verfaulten Baumstämmen.

Der Beuteltierlöwe Thylacoleo

Zu Beginn des Zeitalters der Säugetiere wurden in der Antarktis Reste eines Beuteltieres konserviert. Bei ihrer Geburt sind Beuteltiere winzige, fast wurmgleiche Tiere, die in einen Beutel (lat. *marsupium*) kriechen und sich dort an einer Brustwarze festsaugen, die sie mit Milch versorgt. Man nimmt an, daß die Beuteltiere von Südamerika aus über die Antarktis nach Australien kamen, bevor sie während des Oligozäns (vor 27-23 Millionen Jahren) die antarktische Eisdecke zu bilden begann. Die Beutelratten waren Insektenfresser, und der Tasmanische Teufel und seine Verwandten lebten in Wäldern und Waldungen und waren die ›Katzen‹ Australiens.

Gegen Ende des Miozäns entwickelten sich mit der Ausbreitung des Graslandes die Thylacinen oder Tasmanischen ›Wölfe‹. Sie hatten die Proportionen von Wölfen und waren darauf spezialisiert, ihre Beute nach einer Hetzjagd zu töten. Der gestreifte Ameisenbär und der Beuteltiermaulwurf sind zwei weitere Beispiele einer konvergenten Evolution.

Der *Thylacoleo* (*Abbildung*) war eines der erstaunlichsten Beuteltiere. Er war so groß wie ein Leopard und hatte stoßende Schneidezähne, hinter denen zwei lange, klingenartige Zähne zum Zerkleinern von Futter saßen. Das Skelett zeigt, daß er mit den obst- und blumenfressenden Beutelratten verwandt war. Einige Forscher hielten den *Thylacoleo* zunächst ebenfalls für einen Obstfresser, aber feine Kratzer auf seinen Zähnen beweisen, daß er ein Fleischfresser war.

Riesenkänguruhs und Wombats

Das erste pflanzenfressende Beuteltier *Wynyardia* kommt aus oligozänen Gesteinen in Tasmanien und ist der erste Diprodont (= zwei Vorderzähne). Im Miozän hatten sich die drei lebenden Familien etabliert: Beutelratten, Wombats und Känguruhs. Die erste Beutelratte war ein primitiver Koalabär. Aus anderen, in Bäumen lebenden Typen entwickelten sich eine gleitende, lemurenartige Form und der fleischfressende Kuskus. Beide konnten, wie südamerikanische Affen, ihre Schwänze wie eine fünfte Hand benutzen.

Als sich das Grasland ausbreitete, wurden Wallabys und Känguruhs zu den wichtigsten Pflanzenfressern. Sie waren einzigartig, denn sie rannten, indem sie auf ihren Hinterbeinen hüpften. Das größte Känguruh, *Procoptodon* (1), war 3 m groß und hatte ein kurzes, rundliches Gesicht und einen kurzen Schwanz. Zur dritten Gruppe gehörten die auf das Graben spezialisierten Wombats, aus denen sich riesige, 4 m lange nashornartige Formen entwickelten. Sie waren wahrscheinlich Weidetiere. *Palorchestes* mit den langen, scharfen Klauen und dem kurzen Rüssel war eine Mischung aus Chalicothere und Elefant. Der größte echte Wombat *Phascolonus* (2) wohnte an den Rändern von Flüssen und Seen und war kein Graber.

Obwohl es inzwischen Säugetiere gibt, deren frühe Entwicklung im Mutterleib stattfindet und deren Austausch von Nährstoffen und Stoffwechselendprodukten über eine spezielle Struktur (die Plazenta) abläuft, haben die australischen Beuteltiere bis heute überlebt. Sie sind an die dortigen Bedingungen angepaßt, auch wenn

sich einige, wie der Koala, spezialisiert haben. Er frißt nur Eukalyptusblätter.

Riesige Säugetiere

Während der Eiszeitalter der vergangenen zwei Millionen Jahre hatten sich die Eisschichten regelmäßig über Nordamerika und Eurasien ausgebreitet und wieder zurückgezogen. Entsprechend änderten sich die klimatischen Zonen des Pflanzenlebens, und die Säugetiere, unter denen es wärme- und kälteliebende Formen gab, wanderten hin und her.

Während dieser Periode lebten viele der bekannten modernen Tiere wie Pferde, Bisons, Ochsen, Hirsche, Wölfe und Elefanten, aber sie waren wesentlich größer. In Nordamerika, von Florida bis Alaska, gab es die riesigen, 2,75 m langen Biber *Casteroides* (**1**), die große Schwimmfüße hatten und rund 200 kg wogen. Durch

Eurasien zog die 2,5 m lange Hyäne *Pachyrocuta* (**2**). Das sibirische, 6,5 m lange Nashorn *Elasmotherium* (**3**) war doppelt so groß wie das größte heute lebende.

Die Entwicklung dieser Riesen hängt vielleicht mit den Eiszeiten zusammen. Größere Formen können besser Wärme konservieren, da die Oberfläche, durch die die Wärme abgegeben wird, im Verhältnis zum Gesamtvolumen relativ klein ist. Große Tiere haben zudem den Vorteil, daß sie Fleischfressern nicht so leicht zum Opfer fallen. Das kann allerdings nicht die ganze Erklärung sein, denn einige Säugetiere, wie die wollhaarigen Mammute, scheinen während der Kälteperioden kleiner geworden zu sein.

3

Insel-Pygmäen

Eine der Hauptfolgen der Eiszeiten war, daß der Meeresspiegel auf der ganzen Welt um ungefähr 100 m sank und dann, als sich das Eis zurückzog, wieder anstieg. Die Ebenen wurden überflutet, und die Tiere waren in hügeligen Regionen, die kleine Inseln bildeten, eingeschlossen.

Aus den großen auf diesen Inseln lebenden Pflanzenfressern entwickelten sich Zwergformen. Die Malediven im Indischen Ozean waren von dem Zwergelefanten *Stegodon* bewohnt; vor der Küste Kaliforniens lebte eine Rasse winziger wollhaariger Mammute. Auf Mittelmeerinseln wie Malta lebte eine nur 1,5 m große Miniaturausgabe des Riesenhirsches **Megaloceras** (**1**). Auf Inseln in der Karibik erreichte das bodenlebende Faultier **Megatherium** (**2**) lediglich die Größe einer Hauskatze. Die dramatischste Verzwergung erlebte der 1 m große **Palaeoloxodon** (**3**), ein Elefant mit gestreckten Stoßzähnen aus Malta.

Während die größeren Säugetiere kleiner und kleiner wurden, entwickelten sich viele der normalerweise kleinen Säugetiere zu Riesen. Nagetiere wie Haselmäuse und Ratten hatten z.B. etwa ein Viertel der Größe der Inselelefanten. Auf den Balearen, vor der Südküste Spaniens, erreichte ein Nagetier die Größe und die Proportionen einer Ziege, hatte aber die Schneidezähne eines Nagetieres.

Der Ursprung des Menschen

Schon zu Beginn des Zeitalters der Säugetiere vor 65 Millionen Jahren lebten in den Bäumen kleine, spitz-

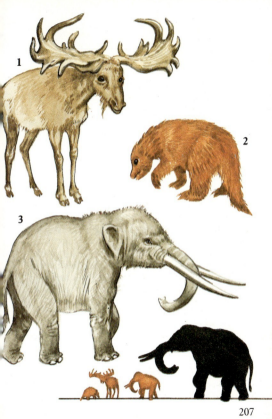

hörnchenartige Säugetiere wie *Plesiadapis*. Da ihre Augen vorn im Gesicht saßen, konnten sie, wenn sie hoch in den Bäumen herumhüpften, Entfernungen abschätzen. Ihre Daumen waren den anderen Fingern entgegengestellt, so daß sie Objekte greifen und handhaben konnten. Diese Merkmale sind die Kennzeichen der Primaten.

In Nordamerika und Europa entwickelten sich die Primaten zu einer äußerst erfolgreichen Säugetiergruppe. Als sie sich besser an das Leben in den Bäumen angepaßt hatten, wurden ihre Gesichter flacher und, da der Geruchssinn weniger wichtig wurde, ihre lange Schnauze kürzer.

Eichhörnchen und Primaten
Während des Eozäns, vor 53 Millionen Jahren, begannen die nagenden und knabbernden Säugetiere, wie das frühe Eichhörnchen *Paramys* (**1**), die Primaten abzulösen, während sich andere, wie der tarsiusähnliche *Tetonius* (**2**) mit den großen Augen, in Richtung Affe ent-

wickelten. Obwohl einige es schafften, bis in spätere geologische Perioden zu überleben, starben die Primaten der nördlichen Hemisphäre aus.

Sie lebten weiterhin in Südamerika und entwickelten einen Greifschwanz, der ihnen als fünfte Hand diente. Die Hauptentwicklung der Primaten fand jedoch in Afrika statt. In oligozänen Gesteinen (vor 27-23 Millionen Jahren) wurde ein in Bäumen lebender Primate *Aegyptopithecus* (= Affe aus Ägypten) entdeckt. Er hatte zwar die Größe einer Hauskatze, war aber der Vorfahre von Affen und Menschen.

Der afrikanische Affe *Dryopithecus*

In Afrika sind Funde von in Wäldern lebenden Primaten in oligozänen Gesteinen aus Ägypten erhalten. Während des Miozäns (vor 23-5,3 Millionen Jahren) schwangen sich die entwickelten Primaten wie der Gibbon *Pliopithecus* mit Hilfe ihrer Arme durch die Bäume. Zur gleichen Zeit breitete sich das Grasland aus, die Wälder gingen zurück, und der **Dryopithecus** (*Abbildung*), ein nur 1 m großer affenartiger Primate, kam aus dem Wald, um im Freien zu leben. Das andere bedeutende Ereignis während des Miozäns war die Wiedervereinigung Afrikas und Eurasiens westlich von Spanien und im Mittleren Osten, die es den Dryopithecinen ermöglichte, von Afrika nach Eurasien zu wandern.

Dryopithecus konnte sich aufgrund seiner hohen Intelligenz auf den Grasflächen ausbreiten. Er hatte im Verhältnis zu seiner Größe das größte Gehirn aller Säugetiere. Ferner muß er in Gruppen gelebt haben – als Einzelgänger wäre er den Raubtieren hilflos ausgeliefert gewesen.

Seine Zähne weisen darauf hin, daß er zu den ersten Affen gehörte. Er lief auf allen vieren, konnte aber, wenn er die Umgebung überschauen und die Gruppe vor Gefahren warnen wollte, auf den Hinterbeinen stehen.

Viele der dem Menschen zugeschriebenen Eigenschaften waren bereits bei diesen leichtgebauten Affen zu finden, aus denen die asiatischen Orang-Utans und die afrikanischen Schimpansen und Gorillas hervorgingen. Die Menschen entwickelten sich während des Pliozäns (vor 5,3-1,6 Millionen Jahren) aus dem afrikanischen Zweig der Affen.

Laetoli-Fußabdrücke

Die ersten Hinweise auf Menschen fand man in 3,6 Millionen Jahre alten Gesteinen in Tansania. Es sind keine fossilen Knochen oder Zähne, sondern Fußspuren, die eine kleine Menschenfamilie hinterlassen hat. Sie wurden 1979 von Mary Leakey entdeckt.

In diesem Teil Ostafrikas gibt es Vulkane, die karbonathaltige Lava und Asche produzieren. Bei einer Reihe von Vulkanausbrüchen wurden Unmengen von Asche hochgeschleudert, die in Verbindung mit Regen das ganze Land mit einer Schicht nassen Zements bedeckten. Am Boden nistende Vögel wie die Perlhühner und in Bauen lebende Nagetiere wurden von dem Aschenregen sofort getötet. Die anderen Vögel und die Säugetiere waren nicht ernsthaft betroffen. Giraffen und Antilopen, ja nahezu alle ortsansässigen Säugetiere, gingen über den trocknenden Schlamm und hinterließen perfekte Fußabdrücke.

Die bedeutendsten Abdrücke sind die eines 1,3 m großen entwickelten Primaten, der aufrecht auf seinen Hinterfüßen lief. Einzelheiten der Fußabdrücke lassen darauf schließen, daß sie von den ersten Menschen stammen müssen. Die größeren Abdrücke scheinen die eines männlichen Erwachsenen zu sein, etwas kleinere die einer weiblichen Erwachsenen, die vorsichtig in die Fußstapfen des Mannes trat. Ein dritter Satz parallel verlaufender Fußabdrücke stammt von einem Kind, das von der Mutter an der Hand gehalten wurde.

Das Quartär: Die Eiszeitalter
(vor 1,6 Millionen Jahren bis zur Gegenwart)

Das Zeitalter der Menschen

1925 beschrieb der Anthropologe Raymond Dart den Schädel eines jungen affenartigen Tieres, das in 1,6 Millionen Jahre alten pleistozänen Gesteinen in Botswana, Südafrika, gefunden wurde. Er nannte dieses Fossil *Australopithecus africanus*, afrikanischer südlicher Affe, und behauptete, es repräsentiere eine Zwischenstufe in der Entwicklung zum Menschen. Das Gehirn hatte ungefähr die Größe eines Schimpansenhirns, aber die Gehirnregionen und Zähne glichen denen von Menschen, und der Kopf saß auf einem vertikalen Rückgrat, ein Beweis für einen aufrechten Gang. Zunächst wiesen Experten Darts Ansichten zurück, weil sie aufgrund anderer Funde glaubten, daß sich beim Menschen als erstes das große Gehirn entwickelt habe: Der Piltdown Man habe (so Experten, die nicht wußten, daß es eine Fälschung war) ein menschliches Gehirn und Affenkiefer, und der Neandertaler (eine wohl divergente Form des frühen Menschen, *siehe S. 224*) sowohl den Schädel als auch die Kiefer eines Menschen, wahrscheinlich aber einen affenartigen, gebückten Gang. Später entdeckte man, daß der Neandertaler wie wir aufrecht ging.

Weitere Entdeckungen von Australopithecinen bestätigten Darts Ansichten über die menschliche Evolution; Erwachsene entsprachen genau den Voraussagen, die er anhand von Kinderschädeln gemacht hatte. Das besterhaltene Skelett, bekannt als **Lucy** (*Abbildung*),

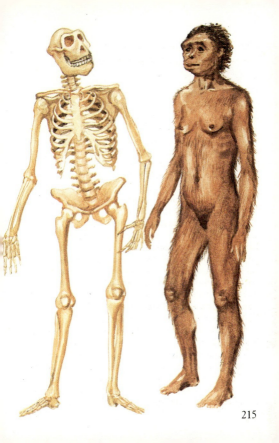

1

wurde 1979 in Äthiopien entdeckt, und von solch einem Wesen könnten die Fußabdrücke stammen, die bei Laetoli gefunden wurden.

Der Tod eines australopithecinen Kindes

Auch die wichtigsten Studien über das Leben von Australopithecinen stammen von Raymond Dart, der entdeckte, daß eines der Hauptereignisse in der Evolution des Menschen die Veränderung zu einer mehr fleischessenden Lebensweise und einem Wesen war, das in Gruppen jagte. Dart zeigte, daß die Australopithecinen Knochen, Zähne und Hörner als Werkzeuge und Waffen benutzten. Er nannte dies die osteodontokeratische (= Knochen, Zahn, Horn) Kultur. So fand man in einer Höhle Pavianschädel, die mit dem Ende der Gliederknochen einer Antilope gespalten worden waren. Zu dieser Zeit wurden auch einfache Werkzeuge aus Steinsplittern hergestellt.

Im Transvaal, Südafrika, gibt es eine Spalte, die mit

Köpfen, Händen und Füßen von Pavianen und Australopithecinen gefüllt ist. Dort sind die Ränder von Klüften der einzige Ort, an dem Bäume Halt finden und wachsen können. Leoparden nehmen ihre Beute mit auf die Bäume und verspeisen sie dort oben, um zu verhindern, daß Löwen oder Hyänen sie stehlen. Dabei fallen jedoch Hände, Füße und Köpfe ihrer Beute normalerweise hinunter. Bei den Transvaalfossilien handelt es sich in der Mehrzahl um Überreste von Leopardenmahlzeiten.

Eines dieser Fossilien ist ein Kinderschädel (**2**), dessen Frakturen exakt den Eckzähnen eines Leoparden entsprechen. Die Katze muß das Kind beim Wegtragen (**1**) mit den Schneidezähnen an den Augenhöhlen und den Eckzähnen am Hinterkopf gepackt haben.

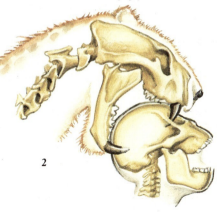

2

Feuer
Eine der größten technologischen Neuerungen in der Geschichte der Menschheit war die Entdeckung, Nutzung und Kontrolle des Feuers. 1981 wurde der früheste Beweis für von Menschen entfachtes Feuer im Baringo-See, Kenia, in 1 400 000 Jahre alten Gesteinen gefunden. Feuer gab den Menschen völlige Unabhängigkeit vom Rest der Tierwelt; es bot Schutz gegen Raubtiere und wärmte. Es ermöglichte auch, daß Fleisch gekocht werden konnte und somit verdaulicher und haltbarer wurde. Am wichtigsten war jedoch der Gebrauch des Feuers als Jagdwaffe.

In Terra Amata, im Süden Frankreichs, baute eine Jagdgruppe in jedem Frühling einen Gemeinschaftsunterstand. Es gab einen Herd zum Kochen, einen Platz

zum Schlachten, und man schlief auf Fellen, die auf dem Boden ausgebreitet wurden.

In Ambrona, in Spanien, zündete vor rund 500 000 Jahren der erste richtige Mensch und unser unmittelbarer Vorfahre, der *Homo erectus* (= aufrechter Mensch) jedes Jahr, wenn **Palaeoloxodon** (*Abbildung*), der Elefant mit den gestreckten Stoßzähnen, durch die Region wanderte, die Gräser an. Die Tiere wurden in sumpfige Gebiete getrieben und dort mit den an Ort und Stelle hergestellten Werkzeugen geschlachtet. Viele Jagdgruppen arbeiteten zusammen. An den Schlachtstellen fand man verschiedene Arten getöteter Tiere. Die Jagdbeute wurde, so wie primitive Jäger es immer noch tun, gleichmäßig untereinander aufgeteilt.

Petralona-Schädel aus Griechenland

1960 wurde in der Petralona-Höhle der erste fossile Menschenschädel Griechenlands entdeckt. Es wird angenommen, daß er 500 000 Jahre alt ist. Der Hinterschädel ist dem des *Homo erectus* ähnlich; doch das Gesicht, die Furchen über den Augen und das 1 200 cm^3 große Gehirn gleichen dem des *Homo sapiens*. Es gibt sechs Merkmale, die den Petralona-Schädel mit dem *Homo erectus* verbinden, und acht, die ihn mit dem *Homo sapiens* verbinden.

Chris Stringer vom Britischen Museum beschrieb den Petralona-Schädel als eine Übergangsform zwischen entwickelten Typen des *Homo erectus* und primitiven Typen des *Homo sapiens*. Der Ursprung unserer eigenen Spezies gab Anlaß zu vielen Auseinandersetzungen; einige Autoren behaupteten, daß wir nicht direkt vom *Homo erectus* abstammen, während andere glaubten, wir seien durch einen plötzlichen evolutionären Sprung des *Homo erectus* entstanden. Der Petralona-Schädel half, alle Streitigkeiten beizulegen; als perfekte Zwischenform zeigt er, daß es einen allmählichen Übergang vom *Homo erectus* zum *Homo sapiens* gab. Ein vollständig erhaltenes Skelett eines *Homo erectus*, das man jüngst in Afrika fand, läßt vermuten, daß der Ursprung des modernen Menschen in Afrika und nicht in Asien liegt.

Untersuchungen der menschlichen DNS und des Bluteiweißes legen nahe, daß sich die Menschheit während des Pliozäns (vor 5,3 Millionen Jahren) von den afrikanischen Affen abzweigte, der moderne Mensch jedoch erst 200 000 Jahre alt ist. Die Entwicklung unter-

schiedlicher moderner Rassen ereignete sich erst nach dem Ende der letzten Eiszeit vor 10 000 Jahren.

Unter dem Trafalgar Square
Bevor vor 100 000 Jahren die letzte Eisschicht vorrückte, war das Klima in Europa wesentlich wärmer als heute. 1957 gab es auf dem Trafalgar Square mitten in London Ausgrabungen. Ein Expertenteam für fossile Schalen, Pflanzen und Säugetiere untersuchte die Funde. Darunter waren 13 000 Schnecken und Muscheln und 150 verschiedene Pflanzenarten. Einige der Schnekken lebten in trockenem Grasland, andere im Schilf in sumpfigem Grund. Es gab viele Käferarten, solche, die sich von Wildrosen ernährten, sowie Mist-, Boden- und Wasserkäfer. Entlang der Themse wuchsen Schilf und Rohrkolben, Wasserkastanien und gelbe Wasserlilien. Es gab europäische Ahornbäume, Hasel- und Hagedornbüsche.

1

Zu den Funden gehörten auch die gestreckten Stoßzähne von Elefanten, von denen bereits 1731 aus Pall Mall berichtet wurde. Unter den Grasfressern waren große Ochsen wie der Auerochse *Bos primigenius*, Rothirsche und Damwild, aber es gab auch Nashörner. Im Wasser suhlten sich **Flußpferde** (**1**), die sich zu dieser Zeit von Afrika nach Nordeuropa bis hin nach Yorkshire ausbreiteten. Ferner fand man Bären, Hyänen und auch **Höhlenlöwen** (**2**). Die männlichen Löwen hatten jedoch, wie Höhlenmalereien zeigen, keine Mähnen.

Ein Neandertaler-Begräbnis

Die frühen modernen Menschen sind allgemein als die Neandertaler bekannt. Da sie kleinwüchsig waren und gewaltige Brauenfurchen hatten, porträtiert man sie oft als brutal aussehend und dichtet ihnen einen trottenden, affenartigen Gang an. Diese Sichtweise basiert jedoch auf dem Skelett eines verkrüppelten 60jährigen Mannes, der schwere Osteoarthritis hatte und keineswegs den gesunden Neandertaler repräsentiert.

Neandertaler, die von Geburt an verkrüppelt waren, wurden wie Kranke versorgt. Ihre Toten begruben die Neandertaler mit großer Sorgfalt.

Als kürzlich im Irak Ausgrabungen vorgenommen wurden, fand man in der Erde, die einen Leichnam bedeckte, Pollen von verschiedenen Blüten. Ihre Anordnung weist darauf hin, daß die Trauernden vor der Beerdigung des Leichnams Sträußchen von **Kreuzkraut (1)**, **Kornblumen (2)**, **Fingerhut (3)** und **Traubenhyazinthen (4)** in das Grab gelegt haben müssen.

Diese Entdeckung gibt uns einen Einblick in die

Gesellschaft des frühen Menschen, seine Ehrfurcht vor dem Leben und vielleicht seinen Glauben an ein Leben nach dem Tode – auf jeden Fall deutet sie darauf hin, daß der Mensch schon damals eine gewisse Religiosität besaß. Dies bestätigen auch rituelle Beerdigungen von Höhlenbärschädeln tief in Höhlen.

Die Wohnbereiche befanden sich gewöhnlich nahe dem Höhleneingang, wo man Feuerstellen baute und zeltartige Unterstände aus Tierfellen errichtete.

Mammutjäger

Während der letzten Eiszeit vor 30000 Jahren nahm in Europa der Cromagnonmensch den Platz der Neandertaler ein, und in den flachen Ebenen der Tundra am Rande der Eisschichten lebten Herden der wollhaarigen Mammute *Elephas primigenius* (**2**). Der Name Mammut ist von einem sibirischen Wort für ein Unterweltwesen abgeleitet, denn wenn der Boden taute, kamen häufig Mammute zu Tage, die während der letzten Eiszeit tief in Spalten eingefroren waren. Und so glaubten die Einheimischen, daß sie die Unterwelt bewohnten. Ferner gab es wollhaarige Nashörner, Moschusochsen, Rentiere und viele kleine Tiere wie Füchse und Hasen.

In der Ukraine entwickelte sich eine auf das Mammut gegründete Wirtschaft. Hauptjagdziel waren Jungtiere. Selbst die Skelette machte man sich zunutze: Die Wände menschlicher Behausungen wurden aus Mammutkiefern und Gliederknochen gefertigt, die Dächer aus Rip-

1

pen konstruiert und mit Rentiergeweihen befestigt. Eine dieser kreisförmigen Hütten (**1**) war aus 385 Knochen von 95 Mammuten gebaut, die Decke sicherlich aus Mammuthäuten gemacht. Der Wohnbereich war rund 25 m^2 groß, in der Mitte lag Asche von den Herden. Man fand zahlreiche Feuersteingeräte, Hämmer aus Geweihen, Knochenpfrieme und Nadeln, Elfenbeinspeere wie auch eingemeißelte Verzierungen und geschnitzte Figurinen von Säugetieren und Menschen, vorrangig von Frauen. 1981 entdeckte man, daß die Mammutjäger Musikinstrumente aus Knochen bauten. Ihre Kleidung war aus Hasenhaut gemacht. Es gab genug Nahrung und erstmals zahlreiche Beweise für die künstlerische Kreativität.

Die Teergruben von Rancho La Brea
In Rancho La Brea in der Mitte von Los Angeles, Kalifornien, gibt es eine der reichsten fossilen Ablagerungen, gefüllt mit 40000 bis 4000 Jahre alten Skeletten. Hier sickerte Jahr für Jahr Rohöl an die Oberfläche und verdampfte. Zurück blieben Teer- und Asphaltteiche.

In der Vergangenheit gingen hier Tiere in die Falle, die sich vom Wasser angezogen fühlten, das sich an der Oberfläche sammelte. Zwischen 1913 und 1915 wurden rund 750000 Knochen aus den Teergruben von Rancho La Brea ausgegraben. Für die Existenz von Menschen gab es nur einen einzigen Beweis: das Skelett einer 1,5 m großen, 20- bis 25jährigen Frau, entdeckt in 9000 Jahre altem Teer.

Zu den typischen Pflanzenfressern, die im Teer endeten, gehören das riesige *Mammuthus imperator*, das kleine amerikanische Mastodon, der Bison, Pferde, Kamele und das riesige bodenlebende Faultier *Megatherium* (**1**). Man fand echte Wölfe, kalifornische Löwen, Pumas, Luchse und Füchse, aber auch Säbelzahntiger und den schwergebauten, hyänenartigen Wolf *Canis dirus* (**2**), sowie den westlichen Geier *Coragypus* (**3**). Rund 90% der hier entdeckten Tiere waren Fleischfresser – normalerweise machten sie 3% aus. Diese ungewöhnliche Ablagerung wird von Tieren beherrscht, die sich durch Dummheit auszeichneten; die intelligenteren Tiere, wie die kalifornischen Löwen und Wölfe, erkannten die Gefahr der Teergruben und vermieden sie tunlichst.

Höhlenkunst

Die gängigsten Beweise für prähistorische Aktivitäten der Menschen sind Steinwerkzeuge. Die **Handäxte** (**1**) und **Faustkeile** (**2**), die man in Swanscombe, Kent, im Südosten Englands fand, waren die Grundwerkzeuge des *Homo erectus*. Der moderne Mensch, *Homo sapiens*, stellte mit Hilfe neuer Techniken fein geschliffene Feuersteinwerkzeuge wie **Schwerter** (**3**) und **Pfeilspitzen** (**4**) her, die für bestimmte Tätigkeiten vorgesehen waren. Sie waren das Resultat der Entwicklung des menschlichen Präzisionsgriffes, bei dem Werkzeuge zwischen Daumen und Zeigefinger gehalten werden. Diese Fähigkeit unterscheidet den *Homo sapiens* von seinen Vorfahren.

Vor 30 000 Jahren fand jedoch ein weiterer wichtiger Wandel statt: Die Darstellung von Tieren und Men-

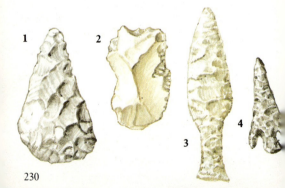

schen durch **Höhlenmalereien (5)**, wie in Lascaux in Frankreich, aber auch in Form dreidimensionaler Skulpturen und Gravuren in Stein und Elfenbein. Der riesige irische Elch und das wollhaarige Mammut z.B. sind nur aus detaillierten, exakten Zeichnungen und Radierungen bekannt. Auch Menschen, vor allem Frauen, wurden häufig dargestellt. Bemerkenswert sind die Details der menschlichen Körperformen, deren ganze Bandbreite ohne Zugeständnisse an die Mode wiedergegeben wurde. Sorgfältig dokumentierte man unterschiedliche Haarstile und persönliche Ornamente. Den Zweck dieser Höhlenkunst werden wir nie erfahren; viele der dargestellten Tiere gehörten nicht zu den Gruppen, die Hauptjagdziel der Menschen waren.

Die Neolithische Revolution

Nach dem Rückzug der letzten Eiszeit vor 10 000 Jahren fand ein weiteres wichtiges Ereignis in der Evolution der Menschheit statt: die Neolithische Revolution. Manche Tiere wurden nicht länger gejagt, sondern in Herden gehalten, also domestiziert: Schafe im Irak vor 10 500 Jahren, Ziegen im Iran vor 9500, Schweine in der Türkei vor 9000 und Rinder in Griechenland vor 8500 Jahren. Eine weitere Neuerung war das Wirtschaften mit Getreide, das, wenn es gemahlen wurde, zu einem nahrhaften Getreidebrei verarbeitet werden konnte und, wenn man es gären ließ, zu Bier wurde.

Die erste Stufe dieser wichtigen Veränderung im Lebensstil der Menschen wurde in Jarmo im Irak entwickelt. Dort ließ sich eine Jägergemeinschaft nieder – es gab 24 Lehmhäuser – und begann, Schafe zu hüten und Getreide zu ernten. Vor ungefähr 8000 Jahren wurden in **Catal Huyuk (1)** in der Türkei kleine Städte aus Lehmhäusern gebaut.

Darüber hinaus hatte man sich eine ganze Reihe neuer Fertigkeiten angeeignet: Das Flechten von Körben

und Matten, das Hartbrennen von Töpfen, die Herstellung von Ziegelsteinen, das Weben von Kleidern, das Backen von Brot und das Brauen von Bier (**2**).

Mit der Entwicklung von Handwerken und Handel kündigt die Neolithische Revolution den Beginn der Zivilisation an. Dieses Wort ist aus dem lateinischen *civita*s (Stadt) abgeleitet.

Register

Acanthodier 59,65
Ackerschachtelhalm 53,60,62,124
Aeger 116
Aegyptopithecus 209
Affen 209f.
Ahorn 171,223
Algen 128; blaugrüne 23
Allantois 66
Allantois 66
Allosaurus 106
Alvarez, Luis 164
Ambrona 219
Ameisenbär 194
Ameisenfresser 172; stachelige 198
Aminosäuren 20
Ammoniten 72,84,92,130
Amphiaspiden 54,58
Amphibien 13,59,60-62,66
Amphicyoniden 185
Angaraspis 54
Ankylosaurier 136f.,166f.
Anning, Mary 94,96
Annularia 62
Anthracopausia 65
Antilope 190,192,212
Apatosaurus 102,104f.
Archaeopteris 53
Archaeopteryx 120f.,156
Archaeosperma 52
Arthropleura 62
Arthropoden 14,39,50,62
Asteroxylon 50f.
Astrapotheren 196
Auerochse 223
Austern 92
Australopithecinen 214-217
Australopithecus africanus 214f.

Aysheaia 38f.
Azhdarchiden 160

Bakterien 8,12f.,18f.,22,24f.,32,62,172, 188; hitzeresistente 24; nitrifizierende 24; Spirochäten 24
Bär 185,223
Bärenhunde 185
Baringo-See 218
Bärlappgewächs 53,60
Baryonyx walkeri 126f.
Basilosaurus 186
Bavarisaurus 118
Beutelratten 162
Beuteltiere 197,200-204
Biber 204
Birke 171
Bison 192f.,204f.,228
Bison antiquus 192f.; *latifrons* 192f.
Blattläuse 133
Blindschleiche 118
Bos primigenius 223
Brachiosaurus 102f.
Brombeere 171
Brontosaurier 76,83,102,104f.,106,148,150
Brontosaurus 102
Brotfrucht 171
Buckland, William 114
Burgess-Schiefer 37,39f.

Caenolestiden 197
Calamites 62
Camptosaurus 110
Canis 184f.
Canis dirus 228f.
Carnosaurier 76,80,106
Casteroides 204f.

Catal Huyuk 232
Cephalopoden 44-47,65,72,84,94,97,130
Ceratopiden 140-143
Chalicotheren 178,196,202
Chalicotherium 178f.
Charnia 31
Chasmosaurus 142f.
Climatius 58f.,65
Coccolithen 128f.
Coelodonta 180
Coelophysis 76f.,81
Coelurosaurier 76,80-82,106f.
Compsognathus 106f.,118
Condylarthen 186
Coniferen 100
Coryphodon 168
Corythosaurus 144f.
Crassigyrinus 60f.
Crinoidea 48f.
Cromagnonmensch 226-228
Cruziana 42f.
Cuvier, George von 178
Cyanobakterien 12f.,22-25
Cycadeen 100
Cycadeoides 100
Cyclostigma 53
Cynodonten 74-76
Cynognathus 70

Damwild 223
Dart, Raymond 214
Darwin, Charles 156,194f.
Deinonychus 150f.
Delphin 94
Deltoptychius 65
Desoxyribonucleinsäure 26
Devon 12,52f.,59
Diatryma 168f.
Dickhornschafe 192
Dickschädler 138f.

Dicynodonten 70,74-76.,80
Dimetrodon 68f.
Dinosauria 5
Dinosaurier 4,11,13,71,75f.,78-83,92,101-110,118,120,124-128,136-155,162,164-167;
-Brutstätten 146f.
Diplodocus 102,180
DNS, *siehe* Desoxyribonucleinsäure
Draco 90
Dromiceiomimus 152
Dryopithecus 210f.
Duyunaspis 56f.

Echinodermen 48f.
Echsen 75,86,94,106f.,118,166
Echsenbecken 78f.
Ediacara 30f.
Eibe 101
Eiche 171
Eiszeiten 5,204f.,206,214,226,232
Elasmotherium 180,205
Elche 192
Elefanten 202,204,206,219,223
Elopteryx 159
Entenschnäbler 144,148,166f.
Entenschnabelige Schnabeltiere 198
Eoherpeton 61
Eomanis 172f.
Eozän 12,170-174,177f.,186,194f.,208
Esche 171
Eudimorphodon 88
Eukaryoten 12f.
Eurotamandua 172f.
Eusmilus 183
Eusthenopteron 59,65
Farn 53,60

Faultier 194, 197; bodenlebendes 194,206,228
Federn 90,120
Feigenbaum 171
Feuer 135,165f.,218f.
Fingerhut 224f.
Fische 13,46,50,54-59,61,64f.,84,86,166; Knochen- 59,64f.; kieferlose 40
Flamingo 159
Flaschenbaum, schuppiger 171
Fledermäuse 172
Flußpferd 180,188,222f.
Fuchs 226,228

Gabreyaspis 54f.
Galeaspiden 56
Gallimimus 152f.
Gallornis 158f.
Garnelen, stachelige 42,65,116
Gecko 118
Getreide 232
Gibbon 210
Ginkgo 122
Giraffe 212
Globidens 130
Glyptodon 154,194f.
Gorilla 210
Goronyosaurus 130f.
Gras 176f.,188
Grashüpfer 132
Grillen 132f.
Gürteltiere 154,194f.

Hadimopanella 34f.
Hadrosaurier 144
Hagedorn 223
Hai 64f.,118; Stachel- 59
Haselbusch 223
Haselmäuse 206

Hasen 226
Hegetotheren 196
Hesperornis 156f.
Hexameryx 190f.
Hibbertia 170f.
Hibernaspis 54f.
Hirsche 188-191,204,206f.
Holozän 12
Homalodotheria 178
Homo 14t.; *erectus* 220,230; *sapiens* 14f.,220,230
Hoplitomeryx 190f.
Horner, J., 146
Hornstrauch 171
Hund 184f.
Hundertfüßer 62f.
Hyänen 205,223
Hypsilophodon 110f.
Hyraotherium 176f.

Icarosaurus 90f.
Ichthyornis 156f.
Ichthyosaurus 94f.
Ichthyostega 59
Iguanodon 124f.,126f.
Iguana 124
Immergrün 171
Indricotherium 180f.
Irischer Elch 231

Jarmo 232
Jefferson, Thomas 194
Johannisbeeren 134
Jura 12,92-123

Käfer 132,222
Kaimenella 34f.
Kakerlaken 62f.,132f.
Kalifornischer Löwe 228
Kalligramma 118
Kambrium 12,34,37,40-44

Kamel 228f.
Känguruh 202f.
Känozoikum 12
Karbon 12,42,60f.,64
Katzen, beißende u. stechende 182f.
Kaulquappen 66
Kentrosaurus 109
Kiemenfußkrebse 39
›Klaue‹ 126
Klauendinosaurier 166f.
Koala 202-204
Köcherfliegen 133
Kohle 62
Königskrabbe 116
Kornblume 224
Krabben 32f.,116
Krebstiere 39
Kreide 12,124-166,198
Kreuzkraut 224
Krill 186
Krokodil 98f.,118,147,166
Kuehneosaurus 90
Kuttelfische 166

Laetoli 212
Leakey, Mary 212
Lemmatophora 62f.
Lenargyrion knappologicum 34f.
Leopard 217
Lepidosigillaria 53
Leptolepis 118
Lesothosaurus 76f.,83
Libelle 62f.,118,132f.
Linné, Carl 14
Liopleurodon 96f.
Longisquama 90f.
Lorbeer 171
Löwe 223
Luchs 228
Lucy 214f.

Lyme Regis 94,96
Lystrosaurus 70

Magnolia 170f.
Maiasaura 147
Mamenchisaurus 4f.,101
Mammut 183,228; wollhaariges 205f.,226,231
Mangroven 171
Mantell, Gideon 124
Marsh, O.C. 156
Massospondylos 76f.
Mauicetus 186
Megaloceras 189,206f.
Megalonyx 194
Megalosaurus 106f.
Meganeura 62f.
Megatherium 206f.,228f.
Meniscotherium 168f.
Mensch 4,209,212-233
    Siehe auch *Homo sapiens*
Merychippus 177
Mesohippus 177
Mesozoikum 12, 74-167
Messel 171-174
Milben 50
Miozän 12,177,180,182,185f.,189,190,197, 198,200,202,210
Mistkäfer 222
Mollusken 14,44f.,86
Morton, John 94
Mosasaurus 130
Moschusochse 192,226
Mussaurus 83
Myrte 171

Nacktsamer 100,122
Nashorn 178,180f.,205,223; wollhaarig 180,226

Neandertaler 214,224f.
Neolithische Revolution 232f.
Neopilina 44f.
Neunauge 56
Nilgau 192
Nimravus 183
Noahs Raben 81
Nodosaurus 136
Nothosaurus 85

Obdurodon 198
Ochsen 204
Oleander 171
Oligokyphus 76f.
Oligozän 12,177f.,180,183f.,186, 188,200,202,209f.
Oncobia 170f.
Opabinia 38f.
Orang-Utan 210
Ordovizium 12,40,42,46
Ormoceras 47
Ornithischier 78f.,110
Ornithopoden 76,110,138f.,144
Ornithosuchus 80
Osteoboren 185
Osteodontokeratische Kultur 216
Ostracodermen 54
Oviraptor 152
Owen, Richard 4

Pachycephalosaurus 138f.
Pachycrocuta 205
Pakicetus 186f.
Palaeocycas 100
Palaeoloxodon 206f.,218
Palaeosincus 136f.
Palaeotringa 158f.
Paläozoikum 12,33-73
Palme 100,171
Palorchetes 202
Panda 185

Pappel 171
Pappocetus 186
Paramoudra 128
Paramys 208
Parascaniornis 158f.
Pavian 216f.
Pentaceratops 142f.
Peripatus 39
Perlhuhn 212
Perm 11f.,68-72,90
Petralona-Schädel 220f.
Petrolacosaurus 67
Peytoia 39f.
Pfauenauge 118,132f.
Pferd 172-178,180,182,188,192,204, 228
Phascolonus 202f.
Phenacodus 168
Phorusrhacos 170
Phytosaurier 98
Pikaia 40
Piltdown Man 214
Pinien 53,122;
Placochelys 86f.
Placodonten 86
Placodus 86
Planetotherium 168
Plateosaurus 83
Pleistozän 12,192,214
Plesiadapis 208
Plesiosaurier 96
Pliohippus 177
Pliopithecus 210
Pliosaurier 96f.
Pliozän 12,123,177,180,184, 194,197,199,210,220
Polacanthus 136
Potomotherium 186
Präkambrium 12,22-31,34
Primaten 14f.,162,208-222

Procoptodon 202f.
Procranioceras 190f.
Propalaeotherium 174-176
Prosauropoden 76,82,102
Protoceratops 140,150-152
Pseudohornia 53
Psittacosaurus 140
Pteranodon 160
Pterosaurier
   88,112f.,120,158f.,160,166
Puma 228
Purgatorius 162f.
Pyrotheren 196

Quallen 30
Quartär 12,213-232
Quetzelcoatlus 160f.

Rancho la Brea 228f.
Ratten 206
Rauisuchus 74f.
Rentiere 226
Rhynchosaurus 75f.,80
Rhynia 50f.
Rinder 140,190,192,232
Riojasaurus 83
Rizosceras 47
Rochen 118
Röhrenwürmer 32f.
Rose, gefranste 171; Wild- 222
Rotwild 223
Rubus 171

*Sabalpalme*171
Säbelzähne 183,197,228 säugetierähnliche 70
Saltasaurus 154f.
Saurischier 78f.
Sauropoden 76,102-104,154,180
Scaphonyx 75
Scelidosaurus 108,136

Schafe 139,190,192,232
Schildkröte 86,118,124,166
Schilf 222
Schimpanse 210,214
Schnabeligel 199
Schnecken 44f.,222
Schwamm 38f.,128
Schwein 188,232
Seehund 186
Seeigel 48
Seejungfern 133
Seekatze, amerikanische 64f.
Seelöwe 186
Seescheiden 40f.
Seesterne 48
Seetaucher 156
Seidenwolle 171
Sharov, G. 88,90
Sharovopteryx 88f.
Silberfisch 50f.
Silur 12,42,47,50,54,58
Skarby, Annie 135
Skink 118
Skorpione 62
Skorpionfliegen 133
Sokotochelys 118f.
Sokotosuchus 98f.
Solnhofen 116-118
Sordes pilosus 112f.
Spinnen 62f.
Spitzhörnchen 162,206
Spitzmäuse 76,197
Spriggina 31
Sprossenhorn 190,192
Sprotten 118
Stachelbeeren 134
Stegoceras 138
Stegodon 206
Stegosaurier 108
Stegosaurus 109
Steinbrech 135

Steinfliege 62f.
Stensen, Niels 4
Steppenschuppentier 172
Stethacanthus 64
Strauß 150,152f.
Stromatolithen 23
Struthiomimus 152
Styracosaurus 142f.
Syndyoceras 190f.

Tanne 122
Tapire 178,180
Tausendfüßer 62
Termiten 133
Terra Amata 218
Terrestrisuchus 98f.
Tertiär 12,123,168-212
Tetonius 208f.
Thecodonten 74f.,76,78,98
Thecodontosaurus 82
Thoatherium 196
Thylacoleo 200f.
Thylacosmilus 197
Tintenfische 32,46
Toxodonten 196f.
Traubenhyazinthen 224
Trias 12,74-91,98,114,118,
   154,162
Triceratops 140-142,166f.
Trilobiten 42f.,48,72
Trionyx 118f.
Tuojiangosaurus 108
Typotheren 196
Tyrannosaurus rex 140,148-
   150,166f.

Utaetus 194
Uvaria 170f.

*Vahlia saxifraga*1 134f.
Valditermen 133

Velociraptor 150f.
Venusmuscheln 32f.
Vogelbecken 78f.

Wale 186f.
Wallaby 202
Walnuß 171
Walroß 186
Waschbären 185
Wasserkastanien 223
Wasserlilien 223
Wasserwühlmaus 76
Weberknechte 62
Weide 171
Weigeltisaurus 90
Weinrebe 171
Werkzeuge 216,218f.,230
Wespen 133
Williamsonia 100f.
Wolf 204,228f.
Wombat 202f.
Würmer 8,31f.,39,44,50,62,118,
   133,158; grasende 32f.
Wynyardia 202

Xenusion 31

Yaverlandia 138

Zaglossus 199
Zapfen 101
Zaubernuß 171
Ziegen 139,192,232
Zikaden 133
Zweiflügler 133